KB096769

1분 과학 읽기

건강·의료편

1분 과학 읽기

건강·의료편

김종화 지음

생각비행

서문

2017년 말까지 한일 간 일본군 위안부 피해자 합의, 김정은과 북핵 등 외교 소식을 다루다가 2018년 새해가 되어 부서를 이동하면서 생활 속 과학, 기술, 건강 등의 이슈를 맡게 되었다. 평소 관심 있는 분야이긴 했지만, 상식선에서 읽고 알고 지나가는 것과, 정확하게 파악해서 독자에게 쉽게 제대로 전달하는 것은 천양지차다.

세상의 날고 긴다 하는 전문가, 덕후, 애호가가 많은 분야가 또 과학기술 분야 아닌가. 담당 기자로서 부담은 이루 말할 수 없이 컸다.

조금이라도 어설프게 서술하고, 약간이라도 파악이 부족했다 싶은 내용에는 어김없이 날카로운 댓글이 달렸다. 본인이 알고 있는 더 나은 정보를 나누며 기사의 미흡함을 보완하고 다른 독자들과 기자까지 동반성장을 이끄는 훈훈한 댓글도 많았지만,

날카롭다 못해 철철 피가 나게 상처를 입히는 날 선 지적과 비난의 댓글 역시 셀 수 없었다.

새로운 분야에 대해 자료를 찾고 기초부터 공부해가며 매일 집중해서 기사를 쓰기란 엄청난 에너지가 필요한 일이고 스트레스도 만만찮았다. 평소 문안도 하고 가끔 뵙기도 하는 스님께 이러저러한 근황을 전했더니 하시는 말씀이 이랬다.

"똑똑한 사람이 모르는 건 바보도 모르고, 바보가 아는 건 똑똑한 사람도 알아. 알고 모르고가 무슨 큰 차이가 있겠어요. 기자라면 특히 누구보다도 빨리 많이 넓고 깊게 알고 싶겠지요. 하지만 세상에 지식과 정보는 무한한데, 기왕이면 재미있게 힘을 빼고 접근해봐요!"

'가볍고 재미있는 과학 읽을거리'를 표방하며 2020년 5월 첫주까지 만 28개월간 《아시아경제》 온라인판에 연재한 [과학을 읽다]는, 우리 삶에 과학과 관련 안 된 게 무엇이며, 지극히 평범한 과학 비전공자인 내게 흥미롭고 유익하다면 우리 독자들한테도 그럴 거라고 생각하며, 매일 과학적 글쓰기에 도전한 결과물이다.

그중 건강·의료 주제의 글 50편을 추려, 이제는 책으로 독자들을 다시 만난다. 건강한 삶을 위해 상식으로 알고 생활 속에서 실천하면 좋을 정보들, 우리 몸과 관련된 궁금증을 풀어주는 지식들을 뽑아 담았다. 눈길 끄는 꼭지 어디부터라도 가볍게 펼쳐 일독을 권한다.

저자 서문의 하이라이트인 감사의 말을 빠뜨릴 수 없겠다.

과학교육과 과학사를 전공하고 동아사이언스 기자를 거쳐 동아에스앤씨에서 과학 저술을 하고 있는 김택원 선생에게 특별한 고마움을 전한다. 과학 지식이 모자라 글이 막히고 헤맬 때, 시도 때도 없이 때론 뜬금없이 질문해도 참고자료와 깊이 있는 답변으로 나를 도와준 과학 멘토다.

이 책의 처음부터 끝까지를 함께한 생각비행 출판사 손성실 대표와 유능한 편집/디자인/관리팀원들에게도 깊은 감사를 드린다.

이미 인터넷을 통해 독자와 만난 구문舊聞 연재 기사를 단행본으로 엮는 작업이었기에, 출간을 제안받은 순간부터 한참 동안, 깊이와 시의성, 그리고 무엇보다도 필요성에 대한 고민이 많았다. 함께 토론하며 방향성을 잡고 원고를 다듬고 교정을 거듭하는 지난한 작업 끝에 드디어 책이 나왔다.

컴퓨터나 휴대폰으로 읽던 것과는 또 다르게, 더 알찬 짜임과 풍부한 내용, 다양한 이미지로 읽는 재미가 배가된 게 느껴진다면, 이는 생각비행이 기울인 정성의 몫이다. 결과적으로 나의 고민은 기우였다.

취재하고 글 써서 독자에게 전하는 기자 본연의 역할에 매진하도록 지원하는 것은 물론, 상당 기간 한 분야에 대해 연재할 수 있도록 믿고 맡기고, 책으로 출판까지 허락한 나의 직장 《아시아경제》, 매순간 새로운 것을 좇아 정신없이 몰아치는 언론계지만 꾸준한 격려와 동료애를 아끼지 않는 선후배 기자들에게도 각별한 마음을 전한다.

끝으로, 반듯한 판단력과 박학다식에서 우러난 예리한 피드백을 주는 가장 소중한 독자, 제일 신경 쓰이는 나만의 편집국장, 아내 유인정이 항상 내 곁에 있다. 이 책을 그녀에게 헌정한다.

2020년 5월

남산 자락에서

차례

PART 1

HEALTH

바쁜 일상에서 몸을 지키는 1분 건강 읽기

PART 2

MEDICAL

팬데믹 시대에 삶을 지키는 1분 의료 읽기

PART 1

바쁜 일상에서 몸을 지키는 1분 건강 읽기

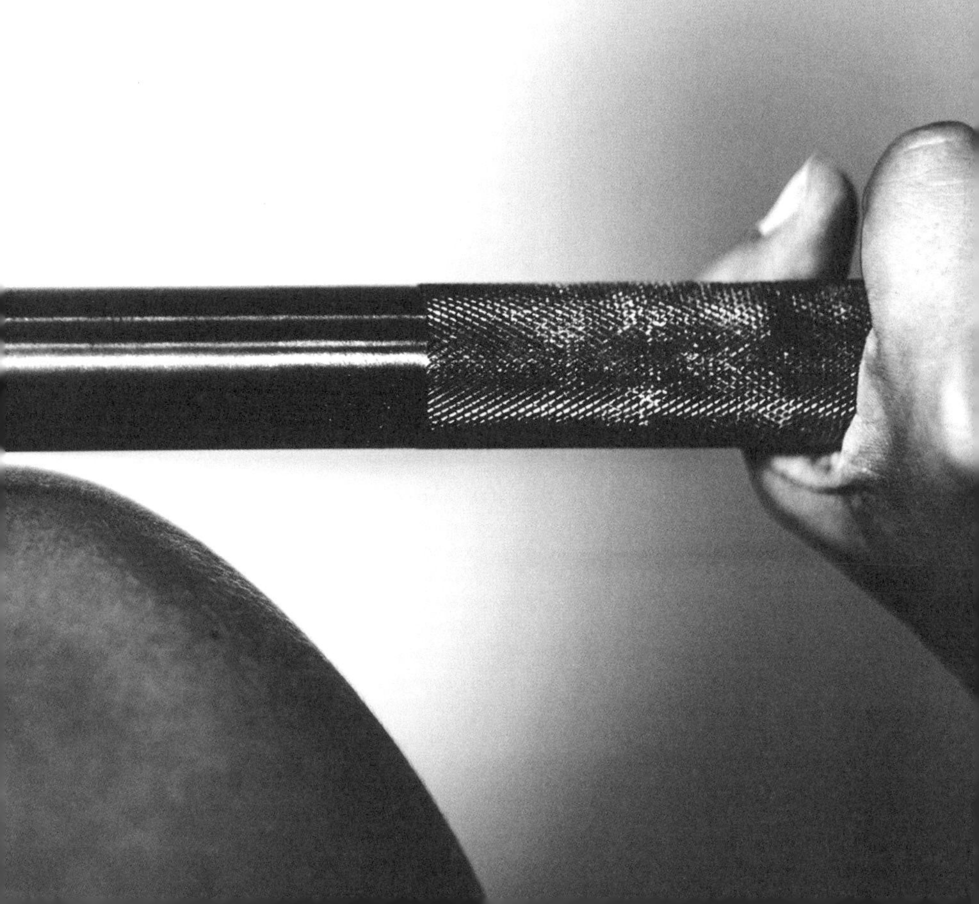

HEALTH

01

만병의 근원은 수면 부족?

무더워지면 불쾌지수가 올라가 작은 일에 짜증이 나기도 한다. 이럴 때는 적당히 덜 먹고, 잘 자는 것이 비결이다. 예로부터 선조들은 '잠이 보약'이라면서 건강에 가장 도움이 되는 것은 어떤 훌륭한 먹거리보다 '잠을 푹 자는 것'이라고 강조해왔다. 그러나 하루가 다르게 변화하는 사회에 적응하고, 치열해지는 경쟁에서 살아남기 위해 밤낮 없이 달리다 보니 우리 몸은 언제나 수면이 부족한 상태다. 게다가 스트레스 때문에 잠을 제대로 자지 못하는 수면장애에 걸리는 사람도 점차 늘고 있다.

잠은 '생체리듬circadian rhythm'을 유지하기 위한 최소한의 조건

밤이 되면 졸리고 때가 되면 배가 고픈 우리 몸의 하루 중 변화는 생체리듬과 관련된다.

이다. 지구에 사는 생물체라면 반드시 적응해야 하는 것이 지구의 자전이다. 대부분의 생명체는 지구의 자전에 적응해 24시간을 주기로 생리와 대사, 행동을 조절한다. 이를 '생체리듬'이나 '생체시계biological clock'라고 표현한다.

수면, 음식 섭취 같은 행동에서부터 호르몬 분비, 혈압 및 체온 조절 등 하루 24시간에 맞춰진 생체리듬은 지구상 거의 모든 생물체의 행동과 연관돼 있다. 밤이 되면 졸리고, 눈에 햇살이 비치면 깨어나는 것이 모두 생체리듬에 따른 것이다.

모든 생명체에게 잠자는 시간은 낮 동안 활동할 수 있는 힘을 얻기 위한 휴식의 시간이다. 특히 인간에게 수면은 휴식과 함께 뇌의 기억장치를 정비하는 소중한 시간이기도 하다.

수면은 일반적으로 깊이 잠드는 단계와 얕게 잠드는 단계로 구분된다. 과학자들은 깊이 잠드는 단계를 육체의 피로가 풀리는 시간, 얕게 잠드는 단계를 정신적 스트레스가 줄어드는 시간으로 파악하고 있다. 정신적 스트레스가 줄어들게 되면 집중력과 인지력이 상승한다고 한다.

수면 시간이 부족하면 집중력과 기억력이 떨어지는데, 이는 뇌의 기능이 저하된다는 것을 의미한다. 또 수면 부족은 비만을 유발하기도 하고, 성장호르몬 분비를 저해시켜 청소년들의 성장을 방해하기도 한다.

질병관리본부에 따르면 하루에 8시간 정도 자는 청소년의 비만율은 8.8% 정도지만 4시간 이하로 자는 청소년의 비만율은 13.4%에 달하는 것으로 나타났다.

실제로 잠이 부족하면 교감신경을 흥분시켜 코르티솔cortisol이라는 스트레스 호르몬이 많이 분비된다. 스트레스가 쌓이면 청소년들의 성장을 방해한다고 한다. 뇌 기능 저하나 비만율의 증가도 문제지만 잠이 부족하면 '졸음운전'을 하게 되어 안전에도 문제가 생긴다.

과학자들은 졸음운전의 원인을 수면이 부족해 생기는 '미세수면micro sleep' 때문으로 판단하고 있다. 미세수면은 깜빡 조는 행위지만 일반적으로 조는 것과 달리 자신이 졸았다는 사실을 인

잠이 보약이다. 잘 자는 것이 건강에 큰 도움이 된다.

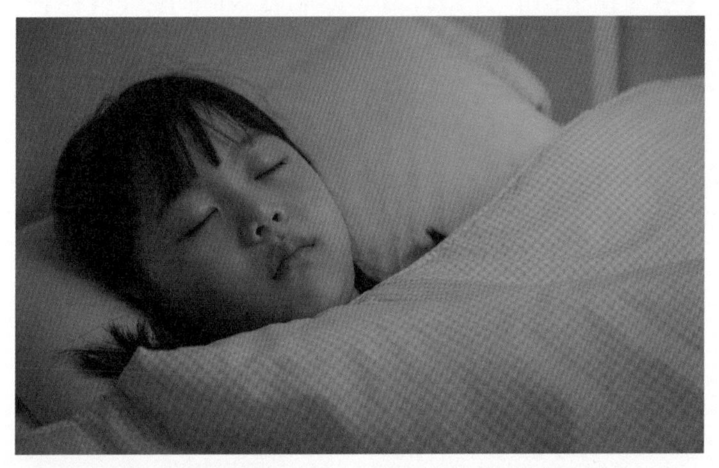

코르티솔 수치는 일반적으로 깊은 잠이 드는 저녁에 수치가 가장 떨어진다. 규칙적이고 충분한 수면은 스트레스 조절에 큰 영향을 끼친다.

지하지 못하기 때문에 큰 사고의 원인이 될 수도 있다.

사무실에서 잠깐 잠에 빠진 사람 대부분은 자신이 졸았다는 사실을 인지하고 있다. 그러나 미세수면에 접어든 사람들은 자신이 졸았다는 사실조차 모르는 경우가 많다. 실제로 연구자들의 실험 결과 눈앞에서 불빛을 여러 번 번쩍거리게 했으나 참가자들은 이를 몰랐다.

수면은 뇌가 낮 동안 수집한 기억을 정리하는 시간이기도 하다. 낮 동안 촬영한 동영상(기억)을 수면시간에 편집(정리·기억)하는 것이다. 나중에 기억을 쉽게 떠올리기 위해 지울 것은 지우고 남길 것은 남기는 분류·저장 작업이 자는 동안 진행된다.

깊은 수면 중에는 느린 뇌파가 뇌 전반에 흐르는 수면인 '서파수면slow-wave sleep'이라는 단계를 거친다. 전체 수면 시간 중 서파수면 시간이 늘어나면 잠의 질이 높아지고 기억력도 좋아진다고 한다.

잦은 야근과 불규칙한 수면에 시달리는 현대인들은 생체리듬을 정상적으로 유지하기가 어렵다. 피로, 우울증, 암 등 수많은 질병의 근원이 수면 부족에 있는 셈이다.

자고 또 자도 피곤한 이유

잠이 부족하면 우울증, 암 등 각종 질병에 걸릴 확률이 높아진다. 잠을 충분히 잤다고 생각하는데도 피곤한 이유는 무엇 때문일까? 자고 또 자도 피곤하다면 수면의 양이 문제가 아닐 수 있다. 평소 운동을 하지 않아 신체 활동이 부족하거나 좋지 않은 식습관이 이유일 가능성이 매우 크다.

실제로 한 연구 결과에 따르면 일주일에 몇 번이라도 가벼운 운동을 한 사람들이 일정 기간이 지난 후 더 많은 에너지를 사용하고, 규칙적으로 운동하는 사람들이 그렇지 않은 사람들보다 잠을 더 잘 자는 것으로 분석되었다.

앞서 언급한 것처럼 인간에게는 '생체리듬'이 아주 중요하다.

누가 가르쳐주지 않더라도 날이 밝으면 잠에서 깨고, 어두워지면 잠을 자는 것처럼 24시간을 주기로 일정하게 생체시계에 맞춰 생활하는 것이 좋다.

인간의 몸속에는 생체리듬에 관여하는 '멜라토닌melatonin'이라는 호르몬이 있다. 멜라토닌은 보통 밤 9시께 분비되기 시작해 아침 7시께 멈추는 것으로 알려져 있는데, 이 호르몬이 사람을 매일 일정한 시간에 자고 깨도록 조정한다. 위장의 소화효소도 항상 같은 시간에 분비된다고 한다. 밥을 먹고 난 다음에 효소가 나오면 음식물을 제대로 소화시킬 수 없기 때문에 아침, 점심,

스마트폰에 심취해 적정한 수면 시간을 지키지 못하면 피곤함이 쌓인다. 짧은 빛 노출도 멜라토닌 분비를 억제하므로 취침 전에는 되도록 스마트폰, TV, 컴퓨터를 멀리하는 것이 좋다.

저녁 식사를 앞둔 시점이 되면 우리 몸이 알아서 음식을 소화시킬 효소를 준비해놓고 기다리는 것이다.

그런데 현대인들은 이런 몸의 규칙성을 따르지 못한다. 잠을 제대로 자지 못하거나 끼니를 제때 챙기지 못하여 생체시계가 교란을 일으킨다. 규칙적이지 않은 삶이 하루 이틀이 아니라 만성적으로 이어지면서 균형을 이루던 신체의 조화가 깨진다.

이때 우리 몸은 피곤함을 느끼게 하는 방식으로 알람을 보낸다. 각종 질병에 걸릴 확률이 높아졌으니 주의하라는 경고이고, 규칙적인 수면과 식사 시간을 지켜달라는 요청이기도 하다.

현대인의 삶이 생물학적인 리듬에서 크게 벗어나 있음을 부인하긴 어렵다. 요즘은 대낮같이 환한 조명시설 덕분에 한밤에 교대근무나 야간근무를 하는 사람이 많다. 이런 업무 환경 속에서는 만성적인 생체시계 교란이 일어난다.

사람들은 과도한 인공조명을 쐬며 밤늦게까지 잠들지 않는 생활을 이어가고 있다. 밝은 불빛은 수면을 유도하는 호르몬 분비를 억제시켜 불면증에 빠지게 한다. 현대인은 규칙적으로 식사를 하기보다 배가 고플 때 선택적으로 끼니를 때워 몸의 소화효소 분비 질서를 스스로 교란시키고 있다. 더구나 밤에 폭식을 하거나 일, 여행, 게임에 빠져 밤을 지새우는 방식으로 생체리듬을 깨뜨리기도 한다.

2007년 세계보건기구WHO 산하 국제암연구소는 암을 유발할 수 있는 원인 중 하나로 야간근무를 추가했다.

과학자들은 수면장애, 피로, 비만, 우울증, 암, 당뇨, 심장마비 등 가벼운 질환에서부터 무거운 질병에 이르기까지 모두가 생체리듬의 교란에서 시작됐다고 지적한다. 국제암연구소IARC의 발표에 따르면 간호사, 경찰 등 교대근무가 잦은 직업군이 그렇지 않은 직업군에 비해 암에 걸릴 위험도가 1.48배 높은 것으로 나타났다.

우리 주변에 하루 5~6시간밖에 자지 않아도 활기찬 사람들이 적지 않다. 이들의 공통점은 규칙적인 생활을 하고 올바른 식습관을 가지고 있다는 것이다. 사람에 따라 차이는 있을 수 있겠

대도시 주거지역은 기준치를 넘는 빛공해에 노출되어 있다. 빛 노출은 수면의 질은 물론 어린이의 성장 장애나 난시 발생 등에도 영향을 주므로 수면시간대에는 실외에서 들어오는 빛을 철저히 차단해야 한다. 연구 결과 LED와 전자장비에서 나오는 블루 라이트가 인간에게 가장 해로운 것으로 밝혀졌다.

으나 이런 사람들은 평균적으로 오전 10시에서 오후 2시 사이에 집중력과 논리적 추론능력이 극대화된다. 그러니 공부나 중요한 업무를 한다면 이 시간대가 적합하다. 또한 이들은 오후 6시에서 8시 사이 초저녁에 심폐기능이 우수하고 근력이나 유연성이 높아지므로 오후 이 무렵이 걷기나 달리기 같은 운동을 하기에 적합하다.

이처럼 우리 몸이 생체시계에 맞춰져 있으므로 밤에 일하고 낮에 자야 하는 사람들은 창에 검은 커튼을 달거나 안대를 착용해, 낮이지만 밤인 것처럼 신체를 속여야 한다고 전문가들은 조언한다. 아울러 규칙적인 시간에 잠들고, 잠들기 1~2시간 이내에 음식물을 먹지 않는 습관을 들일 필요가 있다. 커피나 카페인 음료 등에 의존하는 것은 역효과를 가져올 수 있고, 수면제 등 의약품은 반드시 의사의 처방을 받아 복용해야 한다.

과학자들은 그 어떤 명약과 획기적인 치료도 예방만 못하다고 강조한다. 제때 자고 제때 먹는 올바른 생활습관을 들이는 것이 가장 중요하다는 의미다.

HEALTH 03

사람이 자지 않고 버틸 수 있는 시간은?

사람이 잠을 자지 않고 버틸 수 있는 시간은 얼마나 될까? 기록상으로는 10일 이상이다. 공식적으로는 264시간 1분(11일 1분), 비공식적으로는 277시간(11일 12시간)이었다. 12일 가까이 사람이 잠을 자지 않고도 버틸 수 있다니 놀라운 일이다.

277시간의 비공식 기록은 잘 알려지지 않았는데, 영국의 정원사인 토니 라이트가 2007년 기네스북 기록에 도전한 일 때문에 주목받게 되었다. 라이트는 미국의 17세 소년 랜디 가드너가 1964년에 세운 기존 기네스 기록인 264시간 1분을 깨고 266시간(11일 2시간)을 달성했다. 그런데 라이트는 1965년 한 핀란드 사람이 자신보다 먼저 가드너의 기록을 깨고 277시간을 기록한 사실을 뒤늦게 알게 된다.

이전의 기록이 알려지지 않은 이유는 기네스 측이 건강상의 위험을 이유로 '잠 안 자고 깨어 있기' 부문의 기록 도전을 1964년 가드너 이후 폐지하면서 핀란드 사람이 세운 기록이 공식적으로 인정받지 못하고 있었기 때문이다. 영국 일간지 《데일리메일》이 이를 '황당한 사건'으로 보도하면서 기네스 기록 폐지 사실과 과거 기록에 미치지 못했다는 사실조차 모르고 있었던 도전자 라이트의 이름만큼은 널리 알려지게 되었다.

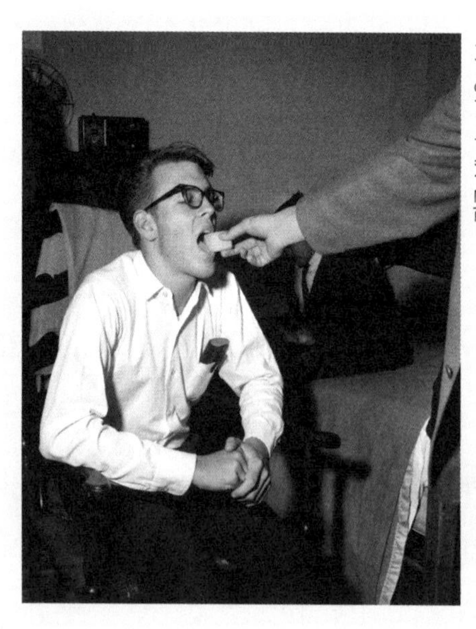

자료: Mind and Society

미국 샌디에이고의 고등학생인 랜디 가드너는 연속 수면 중단 기록에 도전하여 1964년 12월 28일 아침부터 1월 8일 아침까지 만 11일 동안 깨어 있었다.

과학자들은 사람이 잠을 자지 않고 버틸 수 있는 시간의 한계를 3~4일 정도라고 보고 있다. 오래 버티는 경우라도 10일 이상은 지속하기 어려울 것이라고 한다. 물론 앞서 기록을 세운 사람들은 예외로 해야 할 테지만.

기네스북 공식 기록의 소유자인 고등학생 가드너의 경우 도전할 당시 잠을 자지 않은 3일째 되는 날 거리의 간판을 행인으로 착각하고, 4일째 되는 날 자신을 프로 풋볼 선수로 착각했으며, 6일째 되는 날에는 근육 제어가 안 되고 단기기억상실 증상을 보이기도 했다. 또한 100에서 7씩 빼는 문제를 주자 반쯤 하다가 자신이 뭘 하고 있었는지조차 잊어버렸다고 한다.

쥐들을 재우지 않고 2주간 쳇바퀴를 돌게 했더니 모두 죽었다는 실험 결과도 있다. 잠들려고 하는 쥐를 흔들어서 깨운 뒤 쳇바퀴를 돌게 한 결과 모든 쥐가 죽은 것이다. 잠을 자지 못한 불면 자체가 죽음의 원인인지, 잠을 자려고 할 때마다 깨운 스트레스가 쌓여 죽음에 이른 것인지는 명확하지 않으나, 쥐를 살리는 방법은 잠을 자게 내버려두는 것이었다. 잠을 자지 않아 정신적, 육체적으로 심각한 증상을 보였던 가드너도 기록을 경신한 후 14시간 숙면을 취하자 이전 상태를 완벽하게 회복했다.

잠은 일종의 뇌 세척기 기능을 한다. 사람이 깨어 있는 동안 뇌세포는 유독성 단백질을 만드는데 이 단백질을 제거하는 역할

하루 8시간 잠을 자고 있는 사람과 하루 4~5시간 잔 사람을 비교 조사한 결과, 잠을 적게 자는 사람의 교통사고 발생률이 약 4배 정도 높은 것으로 나타났다.
2018년 한국도로공사가 지난 10년간 고속도로 교통사고 원인을 분석한 결과, 졸음운전으로 인한 사고가 22.5%를 차지해 가장 많았다.

졸음운전은 혈중 알코올 농도 0.17%의 만취 상태로 운전하는 것과 비슷하다는 연구 결과가 있다. 고속도로에서 시속 100km 주행 중 1초를 깜빡 졸면 28m, 3초를 졸면 84m를 운전자 없는 상태로 주행하는 셈이 된다.

을 하는 것이 멜라토닌 호르몬이다. 잠이 부족하면 면역 기능이 떨어지게 되는데, 멜라토닌이 수면 중일 때만 분비되는 것과 연관되어 있다.

성인은 하루 평균 7~8시간 정도의 숙면을 취하는 것이 건강에 좋다고 한다. 하루 3분의 1을 자야 하는 셈이다. 수면의 효능은 다양하다. 잠은 정신을 안정시키고 집중력과 기억력, 학습력을 강화하는 데 도움이 될 뿐 아니라 성인병 예방과 스트레스 완화에도 효과가 있다.

미국국립질병통제예방센터CDC가 미국 14개 주에 거주하는 45세 이상 주민 5만 4000여 명의 건강 기록을 분석한 결과, 수면시간이 짧거나 반대로 지나치게 길면 당뇨병, 심장, 뇌졸중 등 만성질환 발생 위험이 커진다는 연구 결과를 발표한 바 있다. 다른 연구에서 수면장애를 가진 당뇨병 환자는 수면장애가 없는 당뇨병 환자보다 아침 혈당이 23%, 인슐린 농도가 48% 높은 것으로 밝혀지기도 했다.

수면은 피부 건강을 지키고, 비만 방지와 다이어트에도 효과가 있다. 피부가 꺼칠해지고, 스트레스가 심하다면 충분히 자는 것만으로도 도움이 된다. 잠이 부족하면 식욕을 촉진하는 호르몬인 그렐린ghrelin 분비가 늘어난다. 과학자들은 '미인은 잠꾸러기'라는 말이 의학적으로 설득력이 있다고 주장한다.

HEALTH 04

물만 마셔도 살찐다?

지구상의 액체 가운데 인체에 가장 유익한 것은 무엇일까? 바로 '물'이다. 물은 인체의 60~70%, 신생아의 경우 90% 정도를 차지한다. 물이 우리 몸의 가장 기본 요소인 셈이다.

그런데 우리가 나이를 먹을수록 몸에서 차지하는 물의 비중이 줄어들게 된다. 물이 몸에서 줄어든다는 말은 생명이 단축된다는 의미다. 피부가 메마르고 까칠해지는 것을 두고 "수분이 없다"라는 표현을 쓰기도 한다.

우리 몸은 꾸준히 물을 요구하지만 실제로 그 요구를 제대로 이해하는 사람은 그렇게 많지 않다. 현대인들 중에는 커피와 차,

주스 등이 물을 대신한다고 생각하는 사람도 많은 편이다.

우리 몸이 물을 꾸준히 요구하는 이유는 그만큼 몸 밖으로 물이 배출되기 때문이다. 사람마다 조금씩 차이는 있겠지만 통상 우리 몸은 소변 1.5ℓ, 대변 0.1ℓ, 호흡 0.3~1ℓ, 대사활동 0.3ℓ, 땀 0.6ℓ 등으로 하루에 2.8~3.5ℓ 정도의 수분을 배출한다. 하지만 하루에 이 정도로 물을 충분히 섭취하는 사람들은 많지 않다. 배출량으로만 본다면 사람은 하루에 최소 3ℓ 정도의 물을 보충해줘야 신진대사를 유지할 수 있으나 대다수의 우리 국민은 하루에 2ℓ 이상의 물을 마시지 않는다고 한다. 반드시 맹물이 아

운동을 해서 신진대사가 활발해지면 자연스럽게 땀이 흐른다. 땀이 증발하면서 생기는 기화열로 몸은 체온을 조절한다. 운동 중 목이 마르지 않아도 탈수 상태일 수 있다. 그러므로 운동 전이나 도중, 그리고 운동 후 적절히 물을 마셔야 한다.

니라 음식을 먹으면서도 수분 섭취가 가능하지만, 틈틈이 물을 마셔주면 좋다.

"아침에 사과 1개, 매일 물 3~4ℓ를 마시면 병원 절반이 문을 닫아야 한다"라는 말이 있을 만큼 물 마시기가 몸에 중요하다는데, 물은 과연 어떤 기능을 할까?

우선 해독작용을 한다. 체내에 있는 유해산소를 제거하고 몸속 독소를 배출하도록 돕는다. 그 과정에서 변비가 자연스럽게 해결된다. 다음으로 물은 다이어트에도 도움을 준다. 물을 많이 마시면 신진대사가 활발해져 지방 분해가 촉진된다. 또 물은 포만감을 주어 식욕을 억제하고 공복감 해소에도 도움이 된다.

'물만 마셔도 살 찐다'는 속설이 있지만, 이는 잘못된 것이다. 다이어트 도중 체중계의 수치가 오르는 것은 물을 마셔서 살이 찐 것이 아니라 우리 몸의 수분 변화 때문에 일어난 현상일 뿐이다. 물은 많이 마실수록 다이어트에 유리하다. 물이 부족하면 몸 안의 영양물이나 노폐물이 원활하게 운반되지 못해 오히려 나쁜 영향을 미치게 된다. 특히 물은 아무리 먹어도 지방을 늘리지 않는다. 칼로리가 아예 없기 때문이다.

또한 물은 혈액순환에도 좋다. 특히 따뜻한 물은 혈관을 이완시켜 혈액순환이 잘되게끔 도와준다. 혈액순환이 원활하면 각종 질병에 걸릴 확률은 크게 낮아지고 숙면을 취하는 데도 도움이

우리 몸을 구성하는 물

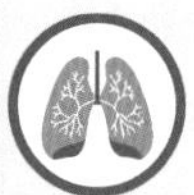

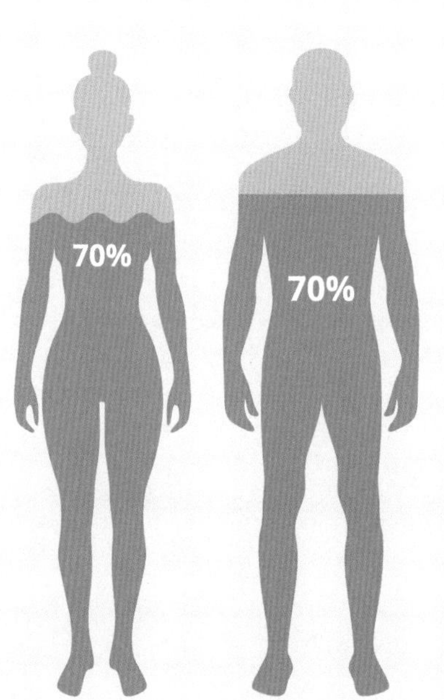

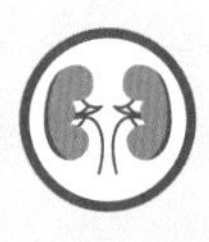

물은 몸의 항상성 유지에 필수적이다. 물은 영양분 흡수에 도움을 주고, 체온 조절, 소화 촉진, 혈액 순환 향상, 노폐물 배출, 산소 운반, 신체 균형 유지 등의 기능을 한다. 체내에 수분이 부족하면 세포에 노폐물이 쌓이고 에너지 대사가 느려져 무기력해지거나 피로함을 느끼기 쉽다.

된다. 따뜻한 물은 몸의 근육을 풀어주어 뇌에 잠들 때라는 신호를 보내준다. 우리 선조들이 잠자리에 '자리끼'를 챙겼던 이유도 여기에 있다.

짜증은 갈증의 신호?

충분히 잠을 자고 적절히 물을 마시는 것이 건강에 유익한 생활습관이다. 특히 물은 인체에 꼭 필요한 요소인 만큼 다양한 효능을 발휘한다. 체액의 균형을 유지시키고, 운동 효과를 높여주며, 피로를 감소시켜준다. 체내에 물이 부족하면 노폐물과 유해물질이 제대로 배출되지 않아 피부에 염증과 트러블을 일으키기도 한다.

물은 모든 신진대사에 관여해 우리 몸이 활발하게 움직일 수 있도록 돕는다. 물이 부족하면 몸에 어떤 현상이 일어날까? 먼저 갈증을 느낄까? 아니다. 갈증이 나는 것은 이미 몸이 고통을 겪은 이후라고 한다.

아주 차가운 물보다 11~15도 사이의 약간 시원한 물이 체내 흡수가 빠르다. 이유 없이 갈증을 느끼거나 지나치게 수분을 많이 섭취한다면 몸의 이상 징후일 수 있다.

우리 몸에 물이 부족하면 특별한 이유 없이 짜증이나 화가 나거나 초조해진다. 나른하거나 우울한 느낌이 들거나 분노, 성급함, 숨이 가쁘거나 오래 집중하지 못하고 신경질이 나는 것도 물이 부족하다는 신호다. 일상생활 가운데 이런 현상이 자주 나타난다면 물을 더 많이, 자주 섭취해야 한다.

물이 부족할 때 인체가 보내는 분명한 신호 중 하나는 소변의 색깔이 진해지는 것이다. 갈증은 수분이 부족한 이후 맨 뒤에 나타나는 현상에 해당한다. 혈액에서 먼저 물을 빼내 몸이 활용하고 소변으로도 배출된다. 이 때문에 물 부족 상태를 견디다 못해 수분 섭취를 요청하는 단계가 갈증이라는 신호로 나타나는 것이다. 그러니 갈증을 느끼기 전에 평소 물을 충분히 마시는 습관이 중요하다.

아침에 일어났을 때 소변의 색깔이 진하고 갈증을 느낀다면, 잠자는 동안 몸이 물 부족에 시달렸다고 보면 된다. 이 경우 문제는 뇌가 밤새 쉬지 못했다는 데 있다. 잠자는 동안 수분 부족인 몸을 정상화하기 위해 신체 여기저기에서 수분을 가져와 조절해야 하기 때문에 뇌가 깨어 있게 된다. 뇌가 활발히 활동하면 숙면을 취하지 못해 제대로 쉴 수 없다.

물 부족으로 인한 또 한 가지 주목해야 하는 문제점은 '히스타민histamine'이라는 호르몬 분비에 영향을 미치는 것이다. 강력한 혈관 확장 작용을 돕는 히스타민이 부족하면 모세혈관 쪽에 피가 잘 공급되지 않아 생리통이나 복통 등이 유발되기도 한다. 물이 부족하면 호흡기의 점막이 말라 바이러스의 공격을 받아 감기에 자주 걸릴 뿐 아니라 피부의 탄력도 떨어지게 된다. 감기에 잘 걸리는 사람이라면 평소 물을 너무 적게 마시는 것은 아닌지 돌이켜보고, 수분을 충분히 섭취하자.

물 대신 커피, 녹차, 주스 등을 마시는 것으로 인체에 충분한 수분 공급이 가능하다고 알고 있는 사람이 많은데, 이는 잘못된 상식이다. 특히 녹차나 커피 속에 든 카페인은 이뇨작용을 활발하게 하기 때문에 오히려 탈수 현상을 유발한다. 만일 장거리 여

카페인이 몸속으로 들어가면 중추신경과 기관들을 자극하게 된다. 심장 활동이 활발해지면 신장은 혈관을 확장시키게 되고 몸속의 배출 작용도 빨라진다. 더운 날 아이스커피를 마시면 당장 청량감을 느낄 수는 있으나 몸에 수분이 보충되는 것은 아니다. 커피나 녹차를 마시는 경우 물을 그 두 배 정도 마셔줘야 한다.

행을 할 때 커피나 차, 음료수를 마신다면 일반 물을 마신 것보다 두 배의 횟수로 화장실을 들락거리게 될 수 있다. 커피나 녹차를 한 잔 마셨다면 물 두 잔을 마셔야 배출된 수분을 보충할 수 있을 정도다.

물도 많이 마시면 죽는다?

어떤 화합물을 사람이나 동물에게 투여했을 때 죽음에 이르게 할 수 있는 양을 '치사량致死量, lethal dose'이라고 한다. 의약품의 경우 '용량'을 표시할 때는 무효량, 유효량, 상용량, 극량, 중독량, 치사량 등으로 표시한다.

약물이 약리 작용을 나타내기 위해서는 일정량 이상의 용량을 필요로 하는데, 이것을 유효량이라 하고 약리 작용이 나타나지 않는 양을 무효량이라 한다.

유효량 중에서 치료 목적으로 통상 사용하는 양을 상용량이라고 하고, 유효량을 조금씩 늘리면 중독 증상이 나타나는데, 이것을 중독량이라고 한다. 중독량 직전의 상용량의 최대량을 극량極量이라고 하는데, 극량은 상용량과 중독량의 경계량이기도 하다. 극량을 넘어서면 중독을 거쳐 죽음에 이르게 하는 치사량이 되는 것이다.

치사량을 초과해 먹거나 투여하면 구토·설사·두통·발열 등의 증상이 나타나고, 심하면 신부전증과 뇌부종, 급기야 호흡 정지에 이르러 사망할 수 있다.

치사량을 나타낼 때는 보통 '반수 치사량LD50, Lethal Dose for 50%'이란 용어를 사용한다. 반수 치사량이란 실험동물에 어떠한

신약이나 백신, 생활에 필요한 각종 화학용품 개발을 위해 국내에서만 한 해 400만 마리 가까운 동물이 희생되고 있다. 동물 실험을 지금 당장 없앨 수는 없겠지만 최대한 비동물 실험으로 대체Replacement, 사용 동물 수 축소Reduction, 불가피하게 동물실험 진행 시 고통 완화Refinement를 위한 노력이 필요하다는 '3R 원칙'을 지키려는 움직임이 점차 확산되고 있다.

물질을 투여했을 때 그 실험 대상의 절반(50%)이 죽음에 이르게 되는 양을 의미한다.

'최소치사량MLD', '100% 치사량LD100' 등의 용어도 있지만 실질적으로 치사량을 나타낼 때는 'LD50'을 사용한다. 실험 대상의 50% 정도만 죽음에 이르러도 죽음에 대한 충분한 경고가 되기 때문일 것이다. 치사량은 일반적으로 실험동물을 이용해서 피부에 접촉시키거나 혈관에 투여해서 수치를 결정하는데 실험동물의 체중 1kg에 대한 물질의 양으로 표기한다.

독극물로 잘 알려져 있는 청산가리는 치사량이 0.2g/kg, 복어독의 1만 배에 달하는 독성을 지닌 신경독으로 '보톡스'로 널리 알려진 '보톨리눔 독소botulinum toxin'는 치사량은 약 1ng(나노그램, 1ng=10억 분의 1g)/kg이며, 복어독인 테트로도톡신은 300~500μg(마이크로그램, 1μg=100만 분의 1g)/kg이라고 한다.

물도 한꺼번에 많이 마시면 사망에 이를 수 있다. 물의 치사량은 약 90mℓ/kg, 커피 등에 많이 함유된 카페인은 150~200mg/kg, 니코틴은 0.5~1.0mg/kg, 소금은 3g/kg, 설탕은 30g/kg 등이 치사량이다.

체중 70kg의 성인을 기준으로 치사량을 환산하면, 물은 6.3ℓ, 카페인은 10.5~14g, 니코틴은 0.035~0.070g이 된다. 그러니까 몸무게가 70kg인 사람은 6.3ℓ의 물을 한꺼번에 마시거나 카

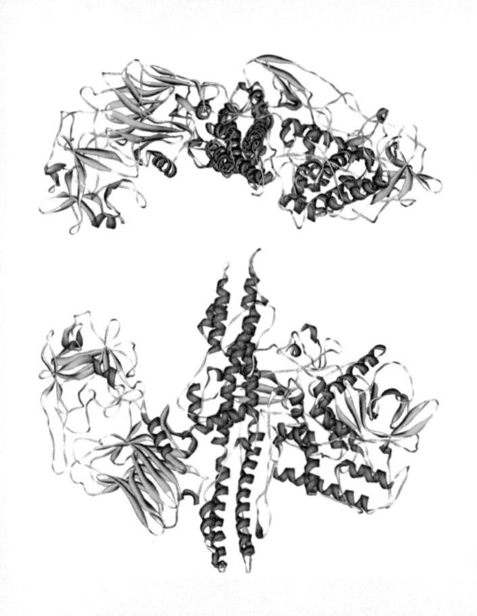

보톡스Botox는 클로스트리디움 보툴리눔 세균이 만드는 신경독 단백질을 상품화한 약제의 이름이다. 사진은 클로스트리디움 보툴리눔 독소 A형의 3D 렌더링.

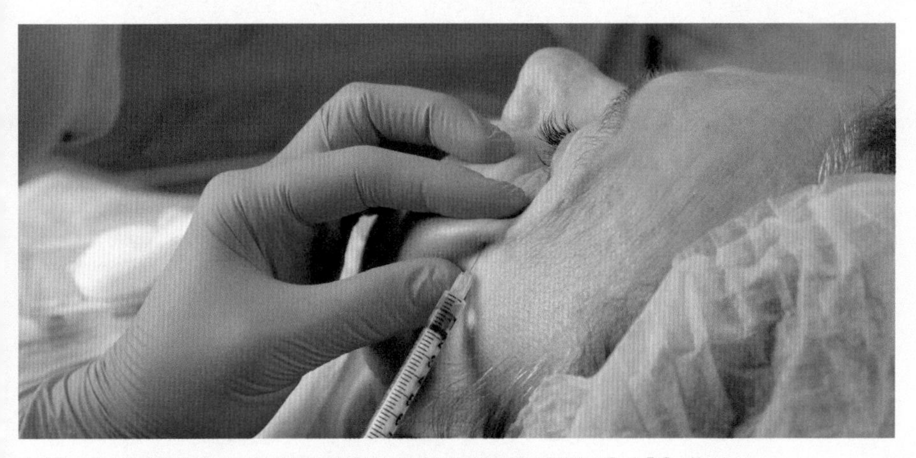

소량의 보톡스를 얼굴에 주사하면 신경전달물질인 아세틸콜린의 분비를 억제해 근육 수축을 막는다.

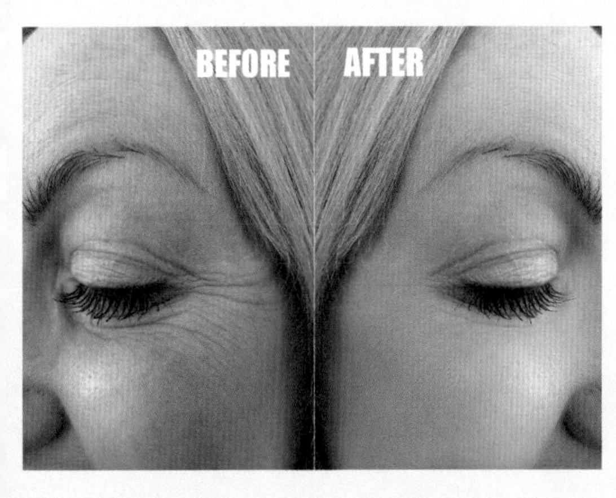

보톡스는 얼굴 주름을 만드는 표정근을 일시적으로 마비시켜 주름을 펴주는 원리의 시술이기 때문에 모든 부위에 효과가 있는 것은 아니다.

페인과 니코틴을 한 번에 이 정도 흡입하면, 그중에 절반은 사망한다는 말이다.

실제로 그럴까? 지난 2007년 미국 캘리포니아에서 물 마시기 대회 도중 세 아이의 엄마가 6ℓ의 물을 마시고 사망했다. 상품으로 걸린 오락기를 자녀들에게 선물하기 위해 무리해서 많은 물을 마시는 바람에 몸속의 전해질 균형이 무너졌기 때문이다.

시중에서 판매하는 아메리카노 커피 한 잔에는 대략 90~190mg의 카페인이 들어 있다. 만일 카페인 중독으로 스스로 목숨을 끊고자 한다면 100잔 정도의 커피를 마셔야 치사량에 도달하는 셈이다. 과학적으로는 카페인 치사량에 도달하기 전에 물 치사량에 먼저 도달하게 된다. 커피 한 잔의 양을 0.2ℓ 정도라고 치면, 100잔을 마시면 20ℓ나 되어 물 치사량의 무려 3배 이상을 더 마시게 된다. 그러니까 만약 사망한다면, 사인은 '물 중독'이 될 것이다.

스위스의 의사 필립스 파라켈수스는 "모든 물질에는 독이 있다"라고 말했다. 그의 말처럼 우리 몸에 꼭 필요한 물이라도 한꺼번에 많이 마시면 독이 되는 것이다. 보톡스는 아주 위험한 독소이지만 적절한 양을 사용할 수 있게 되면서 미용 약품으로 상용화되었다. 중독의 선을 넘지 않는 적당한 약품 사용과 음식의 섭취는 약이지만 지나치면 독이 된다는 것을 명심해야 한다.

꿩 대신 닭, 물 대신 탄산수?

술자리에 있지만 술을 잘 못 마시는 사람이나 운전을 해야 하는 사람이라면 술 대신 탄산음료를 마시면서 대화를 나누기도 한다. 탄산음료는 당분이 많이 들어 있어 몸에 좋지 좋으니 너무 많이 마시지 않도록 주의할 필요가 있다.

탄산음료가 몸에 그다지 좋지 않다는 사실은 대부분 알고 있다. 그런데 당분이 없이 탄산만 든 탄산수도 몸에 그다지 도움이 안 된다는 사실을 아는 사람은 많지 않은 편이다.

유럽에 여행을 가면 현지인들이 탄산수를 물처럼 마시는 모습을 자주 볼 수 있다. 식당의 메뉴판에도 보통의 생수, 미네랄워터와 탄산수가 모두 구비된 경우가 대부분이다. 유럽 사람들은 왜 탄산수를 물처럼 마시는 걸까?

탄산수는 탄산가스가 함유된 물이다. 천연으로 탄산가스를 함유하고 있거나 물에 탄산가스를 섞은 음료를 지칭한다. 탄산음료는 탄산수와는 달리 식품첨가물이 들어 있고, 제조 과정에서 백설탕과 액상과당 등 당분이 추가로 들어간다. 탄산음료가 아이들의 건강에 좋지 않다는 인식 때문에 부모들이 아이들에게 권하는 경우는 많지 않다.

탄산음료의 당분 함유량은 다른 음료보다 훨씬 많다. 당분이 지방으로 축적되면 비만, 당뇨병, 동맥경화 등 만성 질환의 원인이 된다. 비만과 성인병 인구가 늘어나는 이유 중 하나가 패스트

유럽이나 미국 등지는 탄산수 판매 비중이 높은 편이다. 최근 탄산수가 피부미용이나 다이어트에 효과가 있다는 입소문이 퍼지면서 2030 여성들의 구매가 활발해졌다. 특히 당 함량에 민감한 소비자들을 중심으로 탄산음료를 대체하는 음료로 인식되면서 탄산수를 둘러싼 업계의 경쟁이 치열해지고 있다.

푸드와 탄산음료 때문이라고 할 정도로 탄산음료에 함유된 당분은 위험하다.

그렇다면 우리가 시중에서 사 먹는 레몬향, 라임향 등이 첨가된 탄산수는 어떨까? 당이 빠졌지만 향이 첨가된 만큼 탄산수라기보다 탄산음료라고 하는 편이 더 정확하다. 탄산음료나 탄산수에 들어 있는 탄산은 우리가 숨을 내쉴 때 나오는 이산화탄소다.

이산화탄소가 물에 녹았을 때 약간의 탄산이 발생하는데 이를 이용해 만드는 것이 바로 탄산수나 탄산음료다. 다시 말해, 탄산수는 이산화탄소가 녹은 물이다.

탄산은 당 성분이 없다고 해도 몸에 나쁜 영향을 미친다. 가장 걱정해야 할 부분은 치아다. 탄산수나 탄산음료에 들어가는 탄산은 페하pH(수소이온농도지수) 2.5~3.7로 치아를 부식시킬 수 있기 때문에 되도록 마시지 않는 편이 치아 건강에 좋다.

탄산수나 탄산음료를 마셨을 경우 바로 양치질을 하는 것은 삼가야 한다. 탄산음료에 들어 있는 산과 치약 속 연마제가 만나면 치아를 빠르게 부식시킬 수 있기 때문이다. 그러므로 탄산수나 탄산음료를 마셨다면 일단 물로 입안을 헹구고 30분 정도 지난 뒤 양치질을 하는 것이 좋다.

탄산이 소화를 도와주는 작용을 하는 것 아니냐 하고 생각할 수 있다. 고기를 구워먹을 때 탄산음료를 마시고 '꺼억' 하고 트림

탄산수와 탄산음료 소비가 늘면서 산으로 인한 치아 손상으로 고통받는 사람들도 늘고 있다. 탄산수나 탄산음료를 섭취할 때 빨대를 활용해 치아와의 접촉을 줄이는 것도 하나의 방법이다. 마신 후에는 물로 입 안을 헹구고 30분 정도 지난 뒤 양치질하는 것이 좋다.

을 하면 상쾌함이 느껴져 탄산이 소화에 도움이 되어 그런 것이 아닌가 하는 생각이다. 사실 탄산음료나 탄산수를 마신 뒤 하는 트림은 장에서 다 흡수되지 않은 여분의 공기가 식도를 타고 나오는 현상일 뿐이다.

탄산 그 자체는 음식물을 쪼개거나 위산 분비를 잘되게 하는 소화 기능을 하지는 않는다. 탄산은 산의 한 종류여서 위에 자극을 줄 수 있고, 위에 있는 신물이 입으로 넘어오게 할 수 있기 때문에 많이 마시면 오히려 소화 기능을 떨어뜨릴 수 있다.

그렇다면 유럽 사람들이 물처럼 탄산수를 마시는 이유는 무엇일까? 유럽의 물이 좋지 않기 때문이다. 정확하게는 물보다 지형이 나쁘기 때문인데, 유럽의 지형은 대부분이 석회질 암반으로 이루어져 물속에 석회 성분이 많이 함유돼 있다. 석회수에는 수산화칼슘이 함유되어 있는데 이 물을 그냥 마시면 복통을 유발하고 텁텁한 맛이 난다. 생으로 마시기엔 식수로 적합하지 않은 것이다.

탄산수의 주성분인 이산화탄소는 석회질의 주성분인 수산화칼슘과 만나면 탄산칼슘을 만든다. 탄산칼슘은 물에 녹지 않고 가라앉기 때문에 탄산수를 마시면 석회질이 빠져 텁텁한 맛이 안 나고 복통도 느끼지 않게 된다. 병에 담는 과정에서 가라앉은 탄산칼슘이 걸러지기 때문에 판매되는 탄산수를 다 마셔도 문제는 없다.

과학적으로 수질 상태를 점검할 수 없었던 18~19세기에는 탄산수를 마시는 것이 더 좋은 물을 마시는 방편이었다. 그런 문화가 남아 있기 때문에 유럽은 지금까지 탄산수를 가장 많이 만드는 곳이자 즐겨 마시는 지역으로 남아 있다.

국내 탄산수 시장은 해를 거듭할수록 성장하고 있다. 2011년 100억 원에 불과했던 탄산수 시장은 2020년 현재 1000억 원 규모의 시장을 형성할 것으로 전망되고 있다.

최근 코로나19 영향으로 배달음식 주문이 급증하면서 청량감을 즐길 수 있는 탄산수를 함께 찾는 소비자들도 늘고 있다.

HEALTH 08

물 마시기도 타이밍이 중요

우리 몸은 물을 꾸준히 요구한다. 소변, 대변, 호흡, 대사활동, 땀 등으로 배출되는 수분의 양을 고려하면 사람은 하루에 적어도 2~3ℓ 정도의 수분 보충이 되어야 신진대사를 유지할 수 있다.

체내에 물이 부족하면 노폐물과 유해물질이 제대로 배출되지 않아 피부에 염증이 생기기 쉽다. 피부에 수분이 충분히 공급되면 촉촉함을 유지할 수 있고, 노화도 늦출 수 있다.

물은 여러 가지 효능을 갖고 있다. 물은 암을 예방하는 효과가 있다. 방광암의 경우 물을 많이 마실수록 좋아 예방 효과가 탁월하다. 물을 많이 마시는 것은 요로결석 예방에도 효과가 있다. 요로결석이 발병한 이후에도 물을 많이 마시면 결석 배출과 재발을 막는 데 긍정적 영향을 끼친다.

물을 마시는 습관은 뇌졸중 예방에도 좋다. 혈액의 농도를 낮춰 혈전 형성을 억제하는 효과가 있다. 또 숙취 해소를 위해서도 물을 많이 마시는 것이 좋다. 알코올 농도를 희석시켜주기 때문이다.

물 섭취량이 부족하면 대변이 굳어 배변 활동이 원활하지 않게 된다. 체내 수분 부족은 변비의 주요 원인이 된다. 그러니 체내 노폐물이나 독소를 배출하기 위해서라도 물을 많이 마실 필

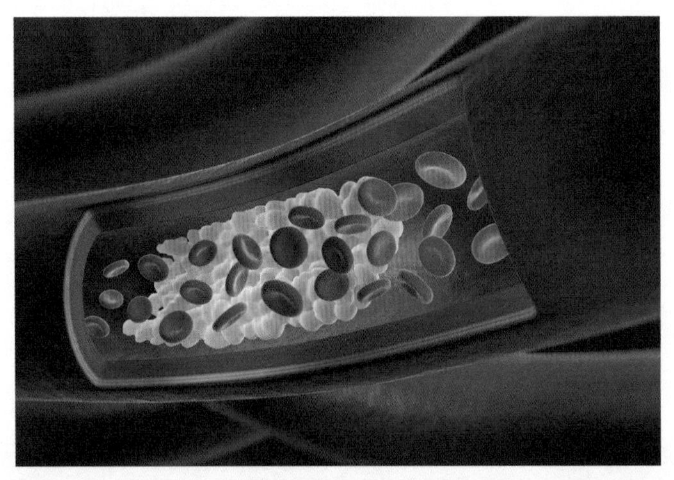

혈전은 혈관이 좁아지거나 손상돼 혈류가 느려지면서 혈관에 정체된 피가 뭉쳐진 것이다. 동맥 혈전과 정맥 혈전은 모두 생명을 위협할 정도로 위험하다. 물을 많이 마시면 혈액의 농도를 낮춰 혈전 형성을 억제하는 효과가 있다.

요가 있다. 물을 마시면 공복감을 없애주기 때문에 다이어트에도 효과가 있다.

물을 마시는 타이밍도 중요하다. 잠자리에서 깨어난 이후에는 꼭 물을 한 잔 정도 마시는 것이 좋다. 자는 동안 우리 몸에 축적된 노폐물을 배출시켜 체내 신진대사를 촉진하기 위해서다. 일어나자마자 마시는 물은 혈액순환을 도와주고, 변비 예방에 아주 좋다.

양치를 한 이후에도 물을 두 잔 정도 마시는 것이 좋다. 체내의 기관들을 깨워주기 위해서라고 한다. 그리고 식사 30분 전쯤에 물을 마시는 것이 중요하다. 보통 음식을 기다릴 때나 식사 도중 물을 많이 마시는데, 그보다는 물을 미리 마셔두는 편이 좋다.

식사 30분 전에 물을 마시면 포만감 때문에 과식하지 않게 되고, 소화를 촉진하는 역할도 하니 일석이조라 할 수 있다. 다이어트 하는 사람들이라면 반드시 지켜야 할 규칙이다. 식후 양치질을 깜빡했다면, 식후 30분 정도에 물을 한 잔 마시면 좋다. 이 물은 입 안을 헹궈 식후 입 안에 남아 있는 세균이 번식하지 않도록 예방하는 역할을 한다.

샤워하기 전에도 물을 마시면 좋다. 혈압을 내리는 데 도움이 되고, 몸의 노폐물을 피부에서 배출시켜주는 역할을 하기 때문

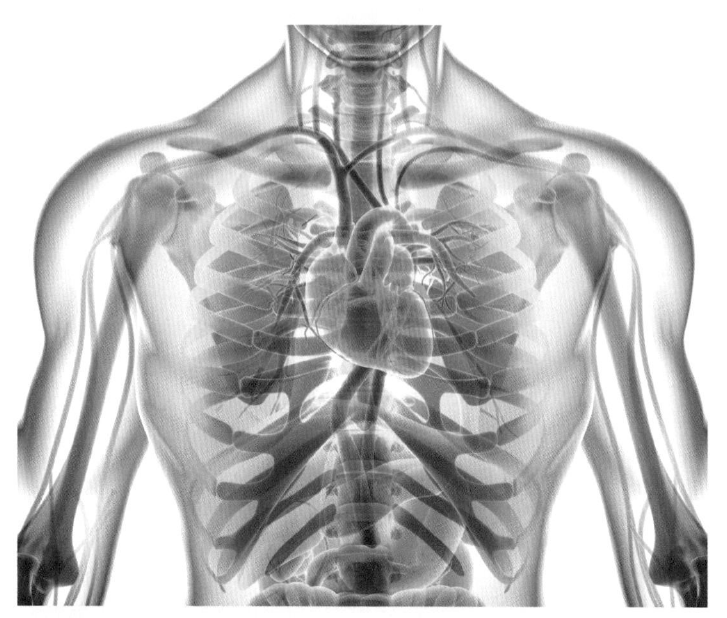

젊은이들이 심정지로 사망하는 주요 원인으로 지목되는 것이 심근경색이다. 심근경색은 갑작스러운 혈전에 의해 발생하는 경우가 많다. 혈액이 심장으로 되돌아가는 길이 막혀 울혈이 생기는 심부정맥혈전증이 특히 심각하다. 심부정맥에 생긴 혈전이 이동해 폐혈관을 막으면 호흡곤란, 흉통이 생기고 급사할 위험이 크다. 평소 충분히 수분을 섭취하면 혈전 예방에 도움이 된다.

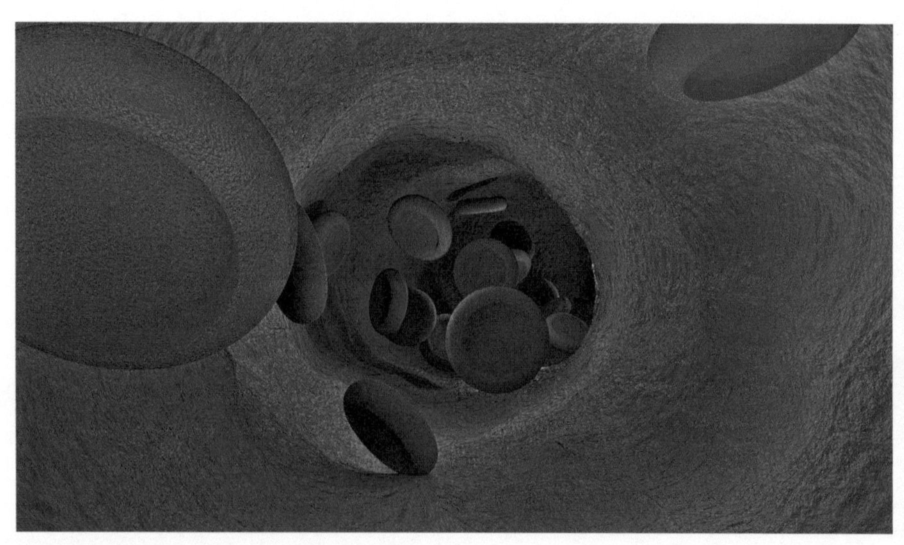

고혈압, 고지혈증, 당뇨가 있는 사람, 암 치료 중인 환자, 주로 앉아서 일하는 사람, 술과 담배를 즐기는 사람, 스트레스에 시달리는 사람들에게 혈전이 잘 생긴다.

이다.

잠들기 전에도 물을 마시자. 잠들기 전에 마시는 물은 뇌졸중, 심장마비, 다리 경련을 방지한다. 다만, 위장 장애가 있는 사람은 잠들기 전에 물을 마시면 오히려 건강을 해칠 수 있다. 자신의 몸을 살펴 가장 좋은 타이밍에 적절한 물을 마셔 건강을 유지하길 바란다.

HEALTH

09

다이어트의 잘못된 상식

매년 봄이면 겨우내 찐 군살을 빼려고 남녀노소 가릴 것 없이 '다이어트'를 시도하곤 한다. 휴가철이 다가오면 더 다이어트에 열을 올린다. 그러나 막상 휴가지에서 먹는 즐거움을 포기해야 한다면 삶이 우울해진다.

그래서일까? 휴가를 다녀온 사람들은 대개 다이어트를 포기한다. 그러다 날씨가 서늘해지고 긴팔 옷으로 두툼한 몸을 가릴 수 있게 되면서 안도감을 느낀다. 몸에 지방이 쌓이는 겨울을 보내고 봄이 찾아오면 다시 다이어트를 시도하는 패턴을 반복하는 것이 우리의 일상이다.

살이 찌지 않도록 먹는 것을 조절하고 절제하는 행위를 다이어트라고 한다. 체중을 줄이기 위해서는 열량cal 섭취를 줄이거나 열량 소비를 늘리는 것이 기본이다. 열량 소비량이 섭취량보다 많으면 체중은 줄어든다. 다이어트는 열량 섭취를 줄이는 행동이고, 운동은 열량 소비를 늘리기 위한 행동이라는 것이 상식이다.

그런데 이런 상식 중에 잘못 알려진 부분이 있다면 어떨까? 잘못된 상식에 대한 맹신과 무모한 도전은 다이어트 실패로 귀결된다.

다이어트를 할 때 가장 위험한 판단은 '칼로리 섭취를 줄이면

다이어트를 지속하려면 원 푸드 다이어트, 단식 같은 극단적인 방법은 피하는 편이 좋다. 평소 식사량이 어느 정도인지, 야식을 얼마나 자주 먹는지, 밀가루 음식을 과도하게 섭취하지는 않는지 등등 자신의 식습관을 점검하여 살이 찌는 근본 원인을 개선하기 위해 꾸준히 노력해야 한다.

살이 빠진다'라는 논리다. 칼로리 섭취를 줄이는 것은 맞지만 지나치게 줄이면 오히려 독이 된다는 사실을 알아야 한다. 한국인의 1일 권장 칼로리는 연령과 체중, 신장에 따라 다르지만 대략 남성은 2500kcal, 여성은 2000kcal 정도다.

다이어트를 시도하는 사람들은 대개 체중 감량을 위해 저칼로리 식단을 선택한다. 문제는 단기간에 다이어트의 효과를 보겠다고 하루 400~800kcal 정도의 극단적인 섭취량으로 살을 빼려고 하는 것이다. 이런 극단적인 식단을 선택할 경우 체중 감량 기간이 오래가지 않을 뿐더러 체내 근육량 감소와 함께 기초

성공적인 다이어트에 꾸준한 운동은 필수적이다. 이때 중요한 것은 지방을 분해하는 유산소 운동과 함께 근력 운동을 병행하는 것이다. 근육량이 늘면 기초대사량이 증가하여 몸의 칼로리 소모량이 높아져 요요현상을 방지할 수 있다.

대사량도 줄어든다.

우리 몸은 줄어든 기초대사량에 맞춰 에너지를 소비한다. 그러니까 기초대사량이 줄어든 상태에서 조금이라도 음식물을 많이 먹게 되면 남는 에너지는 대부분 지방의 형태로 몸에 저장된다. 이 때문에 근육량은 줄었는데 지방이 늘어나면서 금방 원래 체중 이상으로 복귀하는 '요요현상yo-yo effect'이 나타난다.

두 달 내에 10kg 감량, 하루 섭취 열량 1500kcal 제한, 매일 5km 달리기 등의 '전투적 다이어트'는 실패할 확률이 더 높다. 단기간에 성과를 볼 수는 있겠지만 엄청난 의지로 지속해나가야 하기 때문에 스트레스가 쌓여 폭식·폭음으로 이를 풀려는 욕망이 더 커질 수 있다.

식사를 하는 목적은 두뇌와 신체에 연료와 영양을 공급하기 위한 것이다. 뇌는 하루 필요한 칼로리의 25%까지 소비한다. 다이어트를 위해 적게 먹는다 하더라도 하루 권장 칼로리의 75% 이상은 섭취해야 한다.

건강한 다이어트는 칼로리 섭취를 많이 줄이는 것보다 칼로리를 많이 소모하는 것이다. 하지만 칼로리 소모를 위해 운동을 지나치게 하는 것도 독이 될 수 있다. 운동은 칼로리 소모를 위한 하나의 방법일 뿐 만능이 아니다. 또한 운동이 체형을 결정하는 가장 중요한 요소도 아니다. 체형의 80~90%는 평소의 식습관이 좌우하기 때문에 대부분의 사람들은 사실상 운동을 거의 하지 않아도 군살 없는 탄탄한 근육형 몸매를 유지할 수 있다.

운동보다는 평소 먹는 음식이 더 중요하다. 과도한 운동은 몸이 스트레스 요인으로 받아들여 체내의 코르티솔 수치를 상승시키는데, 이 수치가 계속 높게 유지되면 체중이 증가하고 근육은 감소한다. 주 1회 짧은 시간의 운동만으로 매일 운동해서 얻으려는 효과를 충분히 얻을 수 있다.

다이어트를 위해 탄수화물을 아예 섭취하지 않는 경우도 있다. 그러나 체내 탄수화물이 지나치게 줄어들면 기본적인 생리 과정에 필요한 당조차 부족해질 수 있다. 탄수화물 부족은 수면의 질을 떨어뜨리고, 극심한 안구건조증을 유발할 수 있으며, 갑상샘을 손상시킬 수 있다. 탄수화물 섭취를 줄이기 위해서는 밥을 평소 먹던 양의 절반 정도로 줄이고, 채소, 견과류 등 건강한 간식으로 부족함을 채우는 것도 방법이 될 수 있다.

지나친 과일 섭취도 다이어트에 좋지 않다. 과일의 장점이자 단점은 당분인 과당이 많다는 점이다. 과당 때문에 과일을 선호하는 사람이 많은데, 과당은 포도당이나 중성지방으로 변환돼 몸에 저장된다. 중성지방은 심장 질환에 걸릴 위험을 높이고, 체내 지방을 늘리면서 먹고 나서도 식욕이 가라앉지 않는다. 세계보건기구가 권장하는 하루 설탕 섭취 한도는 5티스푼(25g) 정도

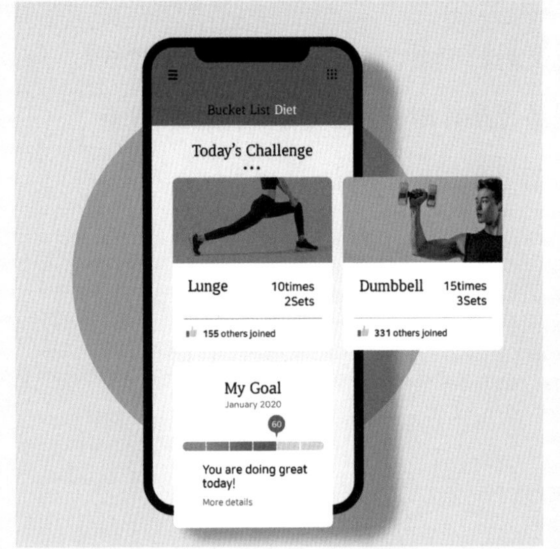

다양한 종류의 홈트레이닝 앱을 이용하여 운동을 할 수 있다. 헬스장에 가지 않더라도 스마트폰만 있으면 가슴, 팔, 어깨, 다리 등 부위별 맨몸 운동은 물론 생활 도구를 활용한 근력 강화 운동까지도 가능하다.
근력 운동은 정확한 동작을 익혀 반복하면서 몸의 변화에 맞춰 운동 강도를 조금씩 높여가야 한다.
홈트레이닝 앱에는 자체 알림 기능이 있으므로 운동 계획을 잘 세우면 꾸준히 지속할 수 있다.

다. 이는 대략 큼직한 사과 2개에 해당한다. 그 이상은 당분 과다 섭취가 되는 셈이다.

가장 좋은 다이어트 방법은 생활습관을 조금씩 바꾸는 것이다. 평소 밥 두 공기를 먹던 사람이 갑자기 닭가슴살 한 조각과 과일 몇 조각으로 버티려 하거나, 출근 시간에 겨우 맞춰 일어나던 사람이 꼭두새벽에 일어나 조깅을 하겠다고 한들 며칠이나 갈 수 있을까?

불굴의 도전 정신이 오히려 몸을 망가뜨릴 수 있다. 그러므로 밥은 몸이 견딜 수 있을 정도인 3분의 2로 줄이고, 출출해도 야식을 참는 식으로 칼로리 섭취량을 줄여나가야 한다. 또 엘리베이터나 에스컬레이터를 타는 대신 계단을 오르내리고, 가까운 곳은 걸어가거나 주차를 일부러 멀리 하는 등 생활 속에서 활동량을 조금씩 늘려가는 것이 효율적인 다이어트 방법이다.

HEALTH 10

다이어트해도 절대 빠지지 않는 3kg

아무리 열심히 다이어트를 해도 사람의 몸에서 절대 빠지지 않는 '3kg'이 있다. 이 3kg은 무엇의 무게일까?

바로 '세균Bacteria'이다. 사람의 몸에 살고 있는 세균의 무게가 3kg 정도라고 한다. 개인별 차이는 있지만 보통 세균의 무게는 2~3kg 정도인데, 비만인 사람의 경우는 3kg이 넘기도 한다.

사람 몸에 살고 있는 세균은 약 100조 마리 정도다. 우리 몸을 구성하는 세포 중 절반이 세균으로 이뤄져 있다. 이 세균의 약 80%가 장에 서식하는데, 그 종류가 무려 500여 종이나 되고 무게는 1.5kg에 달한다.

몸에 나쁜 영향을 미치는 유해균의 대표적인 것으로 병원성 세균이 있다. 이와 달리 몸을 공격하는 세균으로부터 방어해주는 좋은 세균인 유익균probiotics(프로바이오틱스)도 있다. 유익균 중에서 가장 잘 알려진 세균이 유산균이다. 유산균은 우유나 요구르트, 김치 등에 많이 들어 있다. 유산균은 유해균의 침입을 막아 소화기관의 면역력을 높여줄 뿐 아니라 장염이나 변비 같은 장 질병 개선에 도움을 준다.

유해균 중에서는 '비만 세균'이 잘 알려져 있다. 다이어트를 하는 이들의 적이기 때문이다. 2006년 미국 워싱턴대학교 제프리 고든 교수 연구팀은 유해균이 많을수록 '비만 체질', 유익균이 많을수록 '날씬 체질'로 나뉜다는 연구 결과를 보고하며 유해균이 사람의 몸을 살찌게 만드는 비만 세균일 수 있다고 주장했다.

연구팀은 "비만인 사람의 장 속에는 비만이 아닌 사람보다 비만 세균이 3배 이상 많다"라고 밝혔다. 유해균인 비만 세균이 많아지면 포도당 흡수가 비정상적으로 촉진되어 몸이 살찌게 된다. 연구팀은 또 "비만 세균을 투여한 실험쥐들이 2주 뒤 체중이 2배로 증가했다"면서 "유해균과 유익균의 비율을 잘 조절하는 것이 체중 관리의 핵심"이라고 강조했다.

이런 이유로 유산균주 'BNR17(락토바실러스 가세리 BNR17)'가 배양된다. 유산균주는 유산균을 배양한 유산균들의 집합이다.

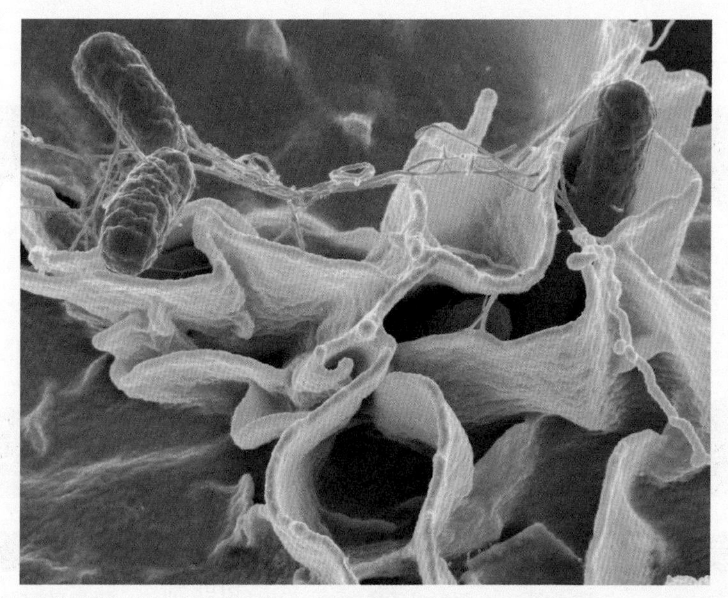

살모넬라균의 전자현미경 사진

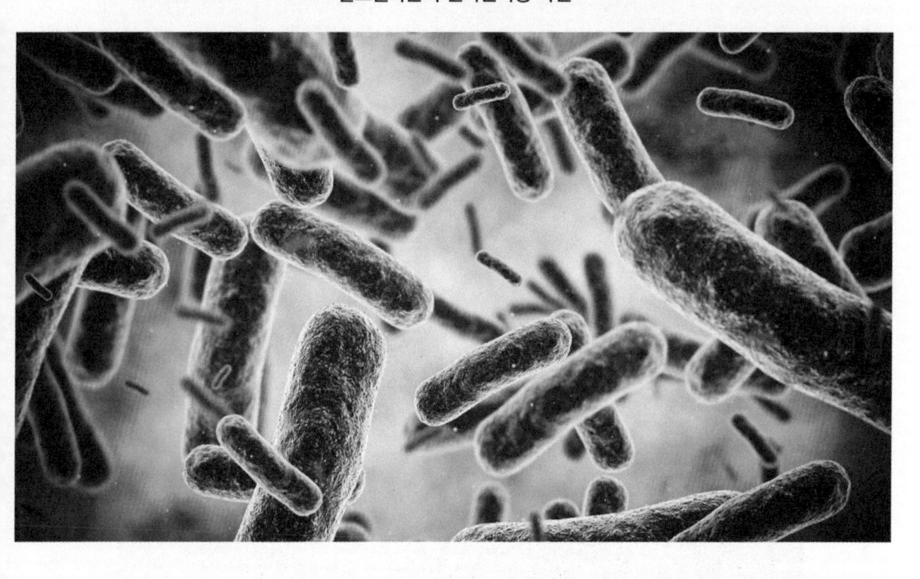

세균은 대부분 하나의 세포로 이루어진 작은 생물이다. 세균은 스스로 살아가고 번식을 할 수 있다. 세균과 자주 혼동되는 바이러스의 경우 스스로 생존이 불가능하고 숙주가 있어야 한다. 바이러스는 세포가 아니라 핵산(DNA 혹은 RNA)과 단백질로 이루어져 있다.

여러 가지 프로바이오틱스

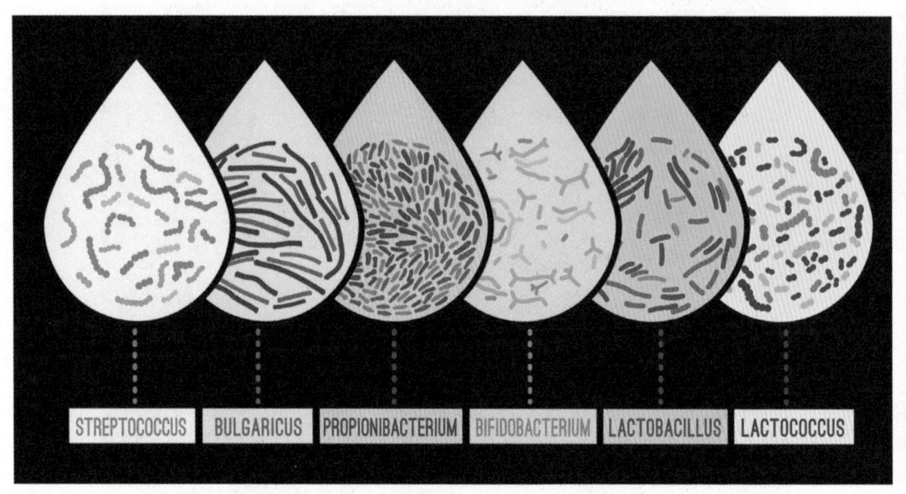

프로바이오틱스Probiotics란 인체에 이로운 미생물(유익균)을 총칭하는 용어다. 세계보건기구는 충분한 양을 섭취했을 때 건강에 좋은 효과를 주는 살아 있는 균으로 정의한다. 프로바이오틱스로 인정받기 위해서는 섭취한 유익균이 위산과 담즙산에 죽지 않고 살아남아 장에서 증식하고 정착하여 건강에 좋은 효과를 나타내야 한다.

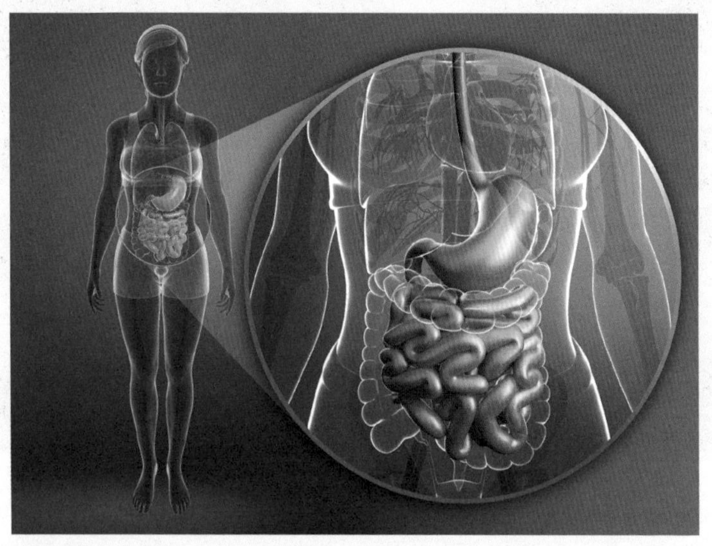

프로바이오틱스에 대한 대중의 관심으로 최근 수많은 건강기능식품이 개발되고 있다. 하지만 건강에 좋다고 하여 모두에게 적합한 것은 아니다. 식약처에는 프로바이오틱스 관련 식품을 섭취하고 설사, 위장 불편, 구토, 피부발진, 두드러기 같은 이상사례 신고를 접수한 사람들이 있다. 그러므로 제품 광고에 휘둘리지 말고 신중하게 선택하는 게 좋겠다.

BNR17의 역할은 장내 유해균과 유익균의 비율을 맞추는 것이다.

BNR17은 유해균을 억제하고 탄수화물을 소장에서 흡수하지 못하도록 체외로 배출시키는 활동으로 비만도를 낮춰준다. BNR17이 다이어트 관련 약품의 성분에 반드시 포함되는 이유다.

때때로 TV 홈쇼핑은 특정 제품 판매를 위해 베개나 침대 속 세균의 사진이나 활동 모습을 보여주면서 '세균 공포증'을 부추기기도 한다. 실제로 베개 등 섬유류 생활제품에서 휴대전화나 변기보다 평균 90배나 많은 세균이 검출됐다는 조사 결과가 발표되기도 했다.

세균을 무서운 존재로 인식하다 보니 시판되는 대부분의 세제나 살균제에는 '99.9% 살균효과'라는 광고 문구가 따라붙는다. 이는 그만큼 우리가 세균과 함께 생활하고 있다는 방증이기도 하다. 공중위생과 보건 관점에서 손씻기는 기본 중의 기본이다. 그러나 사실 눈에 보이는 손과 비교할 수 없을 정도로 우리 장에 살고 있는 유해균이 훨씬 더 많다.

중요한 것은 균형이다. 건강을 위해 위생 관리에 주의를 기울이는 것은 좋지만, 도가 지나치면 유익균이 자랄 수 있는 환경마저 망가뜨릴 수 있다. 지나친 살균이 오히려 질병을 유발하기도 한다. 살균과 소독도 적당히 해야 한다.

불포화지방산은 살찌지 않는다?

"생선이나 오리고기는 불포화지방산이 있으니까 많이 먹어도 돼, 살 안 쪄!"

점심이나 저녁 메뉴를 선택할 때 이런 말을 하는 동료가 가끔 있다. 핵심은 '불포화지방산이 든 식품은 살이 안 찌니 많이 먹어도 된다'인데, 사실은 그렇지 않다.

탄소 결합 형태에 따라 구분되는 지방산은 탄소 간에 2중결합이 있는 지방산을 불포화지방산, 2중결합이 없으면 포화지방산이라고 한다. 달리 표현하면 탄소와 수소가 제대로 결합해 화학적으로 안정된 상태여서 실온에서 고체로 굳어진 것을 포화지방산, 수소보다 탄소와 더 결합해 화학적으로 불안정한 상태여서 실온에서 액체로 존재하는 것이 불포화지방산이다.

포화지방산은 버터나 마가린 등이다. 열을 가하면 녹지만 식으면 고소하고 바삭해서 식감이 중요한 튀김이나 빵 등을 만들 때 사용한다. 불포화지방산은 참기름, 들기름, 올리브유 등이 대표적인데, 열에 약해 성질이 변하기 쉬워 열을 가하는 요리보다 나물을 무치거나 음식에 직접 뿌려 먹는 용도로 많이 사용한다.

불포화지방산은 탄소의 2중결합 수에 따라 2중결합이 하나면 단가 불포화지방산, 2중결합이 2개 이상이면 다가 불포화지방산이라고 한다. 특히 2중결합이 4개 이상인 것은 '고도 불포화지

불포화지방산에 수소를 첨가하여 불포화를 포화로 전환시킨 것을 트랜스지방이라고 한다. 트랜스지방은 쇼트닝, 마가린 등에 많이 함유되어 있다.

방산'이라고 하는데, 불포화지방산의 대표적 물질로 알려진 아라키돈산, EPA, DHA 등은 모두 고도 불포화지방산이다.

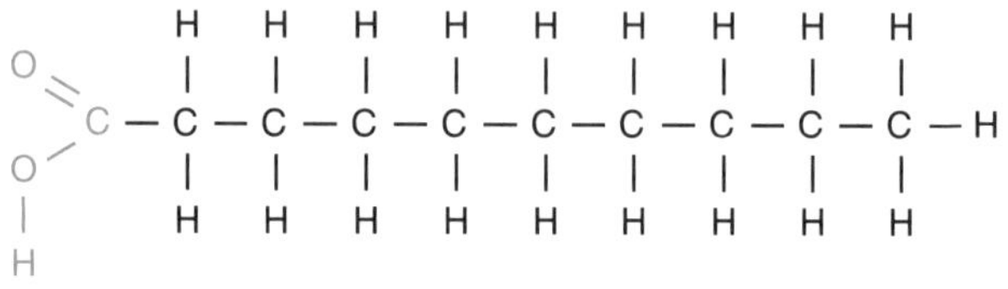

포화지방산

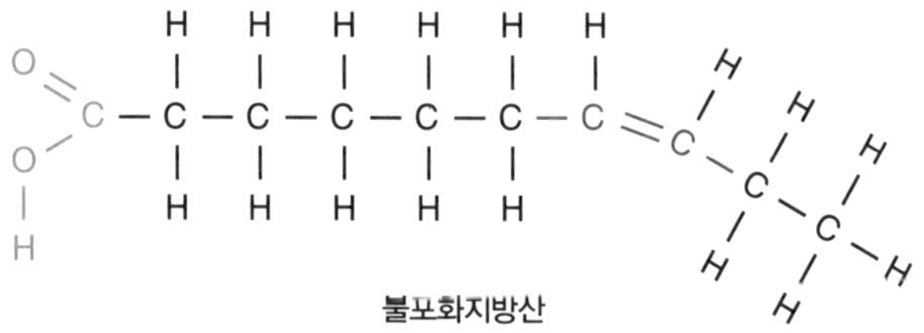

불포화지방산

몸에 좋은 건강식품으로 널리 알려진 '오메가-3'는 화학구조에서 2중결합의 위치가 끝에서 세 번째 탄소에서 시작되는 지방산을 말한다. 오메가ω가 '마지막, 끝'을 뜻하는 단어이므로 '오메가-6'는 2중결합의 위치가 끝에서 여섯 번째 탄소에서 시작되는 지방산을 일컫는 것이다. EPA와 DHA는 오메가-3에 속하고, 아라키돈산은 오메가-6에 속한다.

불포화지방산은 인체가 자체 생산할 수 없는 지방산이다. 그래서 먹어서 보충하는 수밖에 없다. 이 때문에 '많이 먹으면 좋다'라는 속설이 생겼는데, 무엇이든 지나치면 좋지 않다. 불포화지방산을 먹어야 한다고 하는 말은 불포화지방산이 몸에서 생성되지 않으니 먹어서 포화지방산과 불포화지방산의 균형을 맞춰야 한다는 의미로 받아들여야 한다.

미국 식품의약국FDA은 한때 불포화지방산의 섭취량을 하루 섭취 칼로리의 30% 미만으로 권고하기도 했다. 2016년 초《영국의학저널BMJ》은 불포화지방산의 섭취가 콜레스테롤 수치를 낮추지만 일반적인 인식과 달리 불포화지방산 위주의 식사를 할 경우 사망률이 더 높다는 연구 결과를 발표해 논란이 일었다. 이 연구 결과에 대한 논란은 여전히 진행 중이다.

대부분의 식품은 불포화지방산과 포화지방산을 모두 함유하고 있다. 불포화지방산을 많이 함유한 올리브유도 불포화지방산과 포화지방산의 비율이 6:1 정도라고 한다.

불포화지방산은 심혈관계 질환 개선에 도움이 된다. 오메가-3 지방산EPA, DHA은 혈전의 응고를 방지하고 중성지방 수치를 낮추는 기능이 있다. 혈관을 막는 저밀도 콜레스테롤LDL 수치를 낮춰 혈액순환이 원활해지면서 동맥경화 등 혈관으로 인한 성인병 발생을 낮출 수 있다.

중요한 것은 과다 섭취하지 않는 것이다. 과학자들은 건강한 사람이라면 일주일에 한두 번 등푸른 생선을 먹거나 요리할 때

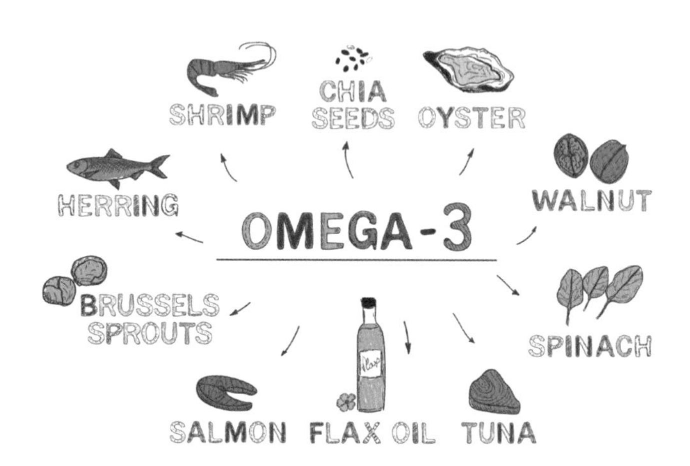

오메가-3는 청어, 고등어, 꽁치 등과 같은 등푸른 생선과 호두, 시금치, 굴 등에도 많이 함유되어 있다. 오메가-3는 중성지질 및 혈행 개선, 기억력 개선에 도움을 주는 영양소다. 이 때문에 손발 저림이나 어깨 결림 등의 혈액순환 장애 증상을 호소하는 사람들에게 인기가 높다.

식용유로 들기름을 사용하는 것만으로도 충분하다고 한다.

다만, 불포화지방산의 2중결합은 단일결합보다 안정적이지 않기 때문에 산소와 결합해 안정을 찾으려고 한다. 이 때문에 부패가 쉽게 된다. 그러므로 참기름이나 들기름 같은 불포화지방산은 보관에 각별히 신경을 써야 한다.

HEALTH 12

살 안 찌는 체질은 따로 있다?

나보다 더 많이 먹고 운동도 안 하는 것 같은데 살이 안 찌는 친구나 동료가 있는가? 그들은 많이 먹어도 살이 안 찌는 비결이 무엇일까? 정말로 살 안 찌는 체질이 따로 있는 것일까?

날씬한 몸매가 건강한 상태를 의미하는 것이 아닌데도 피트니스센터에는 살을 빼려는 사람들로 넘쳐난다. 당신의 체질은 어떠한가? 대부분의 사람들은 "나는 물만 마셔도 살이 찐다"라며 투정하곤 한다.

하지만 정작 '체질'에 대해 아는 사람들은 묵묵히 운동기구를 든다. 살찌는 체질과 살 안 찌는 체질이 따로 있는 것이 아니며,

살이 안 찌기 위해서는 기초대사량을 높아야 한다는 사실을 알기 때문이다.

기초대사량을 높이는 기본적인 방법은 근육을 키우는 것이다. 근육량이 늘면 이전보다 호흡과 체온 유지 등 에너지대사가 활발해져 가만히 있어도 체내에서 에너지를 많이 소비하게 된다.

기초대사량이 높으면 이른바 '살 안 찌는 체질'이 된다. 다시 말해, 살이 안 찌는 사람은 기초대사량이 높은 사람이라고 할 수 있다. 반대로 살찌는 사람은 기초대사량이 낮은 사람이라고 할 수 있다.

기초대사량이란, 신진대사에 필요한 최소한의 에너지량을 말

음식 섭취량을 극단적으로 줄이는 방식으로 다이어트를 하면 우리 몸은 위기감을 느껴 오히려 지방을 축적한다.

한다. 인간과 동물이 활동하지 않는 휴식 상태에 있더라도 뇌의 활동, 심장 박동, 호흡, 체온 유지, 간의 생화학 반응 등 생명활동을 유지하기 위해 드는 기본적인 에너지의 양을 말한다.

성별, 나이, 체중, 개인의 신진대사율이나 근육량 등 신체적인 요건에 따라 차이가 있겠지만, 일반적으로 남성은 몸무게 1kg당 1시간에 1kcal를 소모하고, 여성은 0.9kcal를 소모하는 것으로 알려져 있다.

그러므로 몸무게 70kg의 남성이 하루에 소모하는 기초대사량은 '70kg×24시간×1kcal/(kg·시간)'이므로 1680kcal가 된다. 체중 50kg의 여성의 경우라면 '50kg×24시간×0.9kcal/(kg·시간)'이므로 1080kcal가 되는 셈이다. 기초대사량은 우리가 하루 소모하는 총 에너지의 60~70%를 차지할 정도로 중요하다.

세계보건기구 보고서에 따르면, 우리 몸의 각 기관이 기초대사를 위해 소모하는 에너지량은 간 27%, 뇌 19%, 근골격 18%, 신장 10%, 심장 7%, 그 밖의 장기 19% 등이다.

그렇다면 운동으로 기초대사량이 얼마나 늘어날까? 과학자들은 근육이 1kg 증가할 때마다 약 20kcal 정도의 기초대사량이 늘어난다고 한다. 운동 시간도 영향을 미친다. 근육량을 늘리려면 아침보다 저녁에 운동하는 것이 더 효과적이다. 저녁에는 몸의 성장과 대사활동에 관여하는 호르몬의 분비량이 많아지고,

신체 부위별 칼로리 소비량

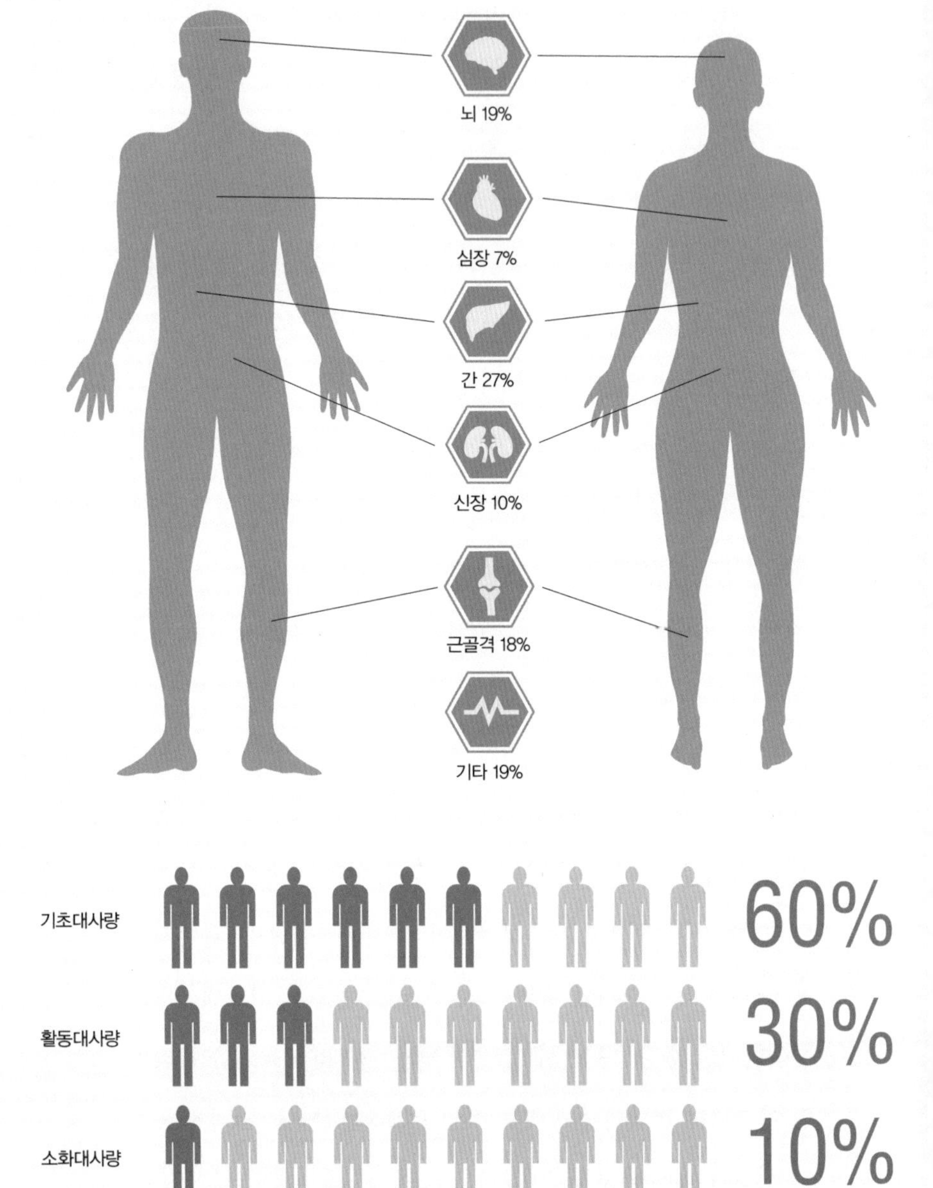

기초대사량이란 생명유지를 위해 필요한 최소한의 에너지대사량을 의미한다. 하루 신체 에너지 사용 비율 중 기초대사량이 차지하는 몫이 가장 크다. 성별, 나이, 체중의 변화, 근육량, 기후 등의 요인에 따라 개인별 기초대사량은 변화하게 된다. 굶는 다이어트는 기초대사량을 30%가량 감소시킨다.

근육이 풀어진 상태여서 다른 시간대보다 근육을 많이 늘릴 수 있기 때문이다.

아침 운동은 손해일까? 그렇지는 않다. 공복 상태인 아침에 운동을 하면 하루 중 지방 분해가 가장 효율적으로 이뤄진다. 운동을 하면서 명심해야 할 것은 단백질을 충분히 섭취해야 한다는 사실이다. 몸무게 1kg당 약 1g의 단백질이 필요하다.

운동하기 싫어 차라리 굶어서 살을 빼겠다는 사람은 큰 효과를 보기 어려울 가능성이 크다. 살을 빼기 위해 무리하게 굶으면 에너지가 부족함을 깨달은 몸이 에너지 고갈을 막기 위해 기초대사량을 줄이게 된다. 이 경우 에너지 소모가 더 줄면서 다이어트에 역효과가 나타나게 되는 것이다. 그러니 조금 덜 먹으면서 꾸준한 운동으로 근육량을 늘려가는 것이 기초대사량을 높이는 좋은 다이어트 방법이다.

살찌지 않고, 균형 잡힌 몸매를 유지하기 위한 비결은 에너지를 섭취한 만큼 소모하는 것이다. 먹은 것 이상 에너지를 소비할 수 있다면 살은 저절로 빠진다.

사람이 에너지를 소모하는 방법은 크게 세 가지다. 가만히 있으면서 기초대사량으로 전체 에너지의 60~70%를 소모하는 방법, 운동 등 신체활동으로 전체 에너지의 20~40% 정도를 소모하는 방법이 주된 방법이다. 나머지 한 가지 방법은 무엇일까?

추위에 노출되거나 공포, 스트레스 등으로 열 생성이 필요할 경우 우리 몸은 전체 에너지의 10% 정도를 소모한다고 한다.

직업 특성상 스트레스를 많이 받거나 한동안 마음고생이 심했던 사람이 비쩍 마르는 것은 이런 이유 때문이다. '살 안 찌는 체질'이 되기 위한 방법은 스스로 선택할 수 있다. 보통 사람은 덜 먹고 운동하는 방법을 선택한다. 매일 공포와 스트레스에 시달리며 살 빼기를 원하지는 않을 테니까.

다이어트와 공복 시간의 함수관계

간헐적 단식이 유행이다. TV 프로그램과 온라인 커뮤니티 등에서 하루 중 8시간 안에만 먹고 나머지 16시간 동안 공복을 유지하는 '간헐적 단식'으로 다이어트에 성공했다는 사람들의 글을 많이 볼 수 있다.

공복 시간이 길면 길수록 날씬해질까? 다이어트의 성공 확률은 공복 시간이 길어질수록 높아지는 것이 맞을까?

공복 시간은 하루 중 식사를 하지 않는 단식 시간을 말한다. 밤 11시에 잠들어 아침 7시에 일어나는 사람이라면 아침 8시에서 저녁 8시 사이에 8시간의 식사 시간을 갖고, 나머지 시간에는 음식을 먹지 않는 식으로 하루 중 16시간 정도 공복을 유지하는 것이 간헐적 단식의 핵심이다.

국내 한 TV 프로그램은 이런 간헐적 단식에 2주 동안 참가한 대상자들이 체중과 내장지방이 줄어드는 다이어트 효과와 이전에 비해 훨씬 건강해진 몸을 느낄 수 있었다는 내용을 방영하기도 했다.

고작 2주간의 실험으로 공복 시간이 길면 다이어트 효과가 있고 건강해진다는 사실을 증명했다고 받아들일 수 있을까? 그런데 실제로 오랜 동물실험을 통해 이를 밝히려 한 연구 결과가 있다.

미국 국립보건원NIH 산하 국립노화연구소NIA와 매디슨 위스콘신주립대학교, 루이지애나의 페닝턴생의학연구소 공동연구

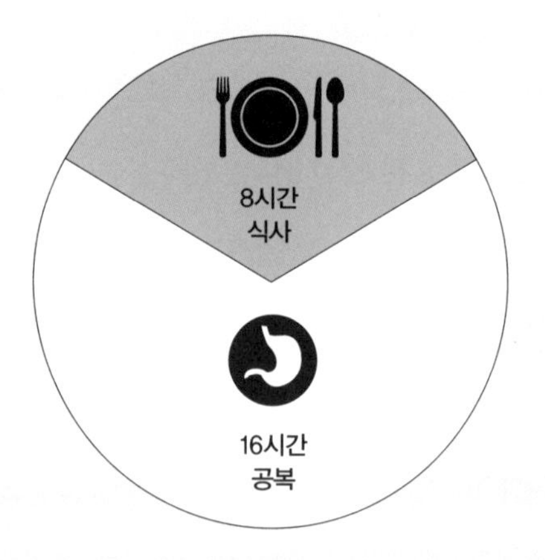

간헐적 단식으로 시간 제한을 둔다 해도 평소보다 고칼로리 식사를 하면 당연히 다이어트 효과를 보기 어렵다. 식사 외 간식도 중단해야 하며 폭식은 금물이다.

팀이 2019년 9월 과학저널《세포대사Cell Metabolism》에 발표한 연구 결과를 보면, 열량 섭취량이나 음식의 종류에 상관없이 공복 시간이 더 길수록 건강하고 수명이 길어지는 것으로 나타났다.

연구팀은 무작위로 선택한 292마리의 수컷 생쥐의 일생을 관찰한 결과, 생쥐들이 어떤 음식을 먹고 얼마나 많은 열량을 섭취하는지와 상관없이 공복 시간이 길면 건강하고 수명이 길어졌다고 밝혔다.

연구팀은 생쥐들을 두 무리로 나눠 관찰했는데 한 무리에게는 다른 무리에 비해 낮은 정제당과 지방, 높은 식이섬유와 단백질이 든 천연 먹이를 먹였다. 각각의 무리는 다시 먹이에 접근할 수 있는 횟수를 달리해 3개의 하위 그룹으로 나눴다.

24시간 내내 먹이에 접근할 수 있는 그룹과 이들보다 하루에 30% 적은 칼로리를 먹을 수 있는 그룹, 그리고 같은 칼로리가 들어 있지만 먹이를 하루에 한 번만 먹을 수 있는 그룹으로 세분화한 것이다. 30% 적게 먹는 그룹과 하루 한 번만 먹는 그룹은 먹이를 주면 빨리 먹도록 훈련시켜 두 그룹의 공복시간이 온종일로 길어지도록 상황을 만들었다.

연구팀은 생쥐들이 자연사할 때까지 생애 전 주기 동안 대사 건강을 추적 조사하고 사후 부검도 했다. 그 결과 두 번째 그룹과 세 번째 그룹 생쥐들은 간이나 장기들의 퇴행성 손상이 늦춰지는 등 전반적으로 건강했고, 수명도 길었다.

칼로리를 제한한 두 번째 그룹은 공복 혈당과 인슐린 수치에서 다른 그룹에 비해 훨씬 양호한 상태가 나타났다. 특히 흥미로운 점은 음식 종류는 두 번째와 세 번째 그룹 생쥐들의 수명에 영향을 미치지 않았다는 것이다.

연구팀장인 라파엘 드 카보 NIA 박사는 "칼로리 제한이나 음식 종류의 제한 없이 공복 시간을 늘리는 것만으로도 수컷 생쥐에게서 무병장수 효과가 나타났다"면서 "아마 공복 시간의 연장이 음식에 지속적으로 노출될 때는 결여되는 메커니즘을 복구하거나 유지하도록 하는 것 같다"라고 설명했다.

연구팀은 "공복 시간을 제한하는 식습관이 인간의 적정 체중을 유지하고, 일반적인 퇴행성 대사 증후군 진행을 늦추는지에 대한 연구에 단초를 제공했다"라고 평가하면서도 "열량 제한과 단식이 인간의 건강에 양호한지는 과학적 근거가 불확실하다"라고 덧붙였다.

생쥐 연구로 인한 결과가 인간의 신체에 완전히 적응된다고 보기는 어렵다는 설명이다. 다만, 연구팀은 다음 연구에서 다른 종류의 생쥐와 다른 실험동물의 암컷과 수컷 모두에 대해 같은 실험을 진행해 그 결과를 인간 대상 연구에 적용할 수 있을지를 파악할 예정이라고 밝혔다.

1957년 독일의 제약회사 그뤼넨탈에서 탈리도마이드thalidomide를 임신부 입덧 치료제로 내놓았다. 동물실험에서 부작용이 거의 없어 기적의 약으로 선전했지만 이 약을 복용한 임신부들이 기형아를 출산했다. 인간과 동물이 공유하는 질병은 1% 수준에 불과하다. 동물을 대상으로 한 실험 결과를 인간에게 바로 적용하는 것은 금물이다.

이런 연구팀의 조심스러운 대응과 달리 간헐적 단식으로 다이어트에 성공했다는 사람들이 적지 않다. 각종 커뮤니티에서도 효율적 다이어트와 건강 유지를 위해 간헐적 단식을 소개하는 곳이 많다. 하루 최소 12시간, 최대 16시간은 단식을 해야 간헐적 단식이라고 할 수 있다.

공복 시간에 평소대로 활동하면서 칼로리를 소모해준다면 이보다 나은 다이어트는 없을 것이다. 다만, 기상한 지 1시간 이후, 잠들기 3시간 이전에 식사를 마쳐야 하고, 공복 시간이 16시간을 넘어가면 오히려 건강에 해로울 수 있다는 점을 알고 있어야 한다.

HEALTH
14

'간헐적 단식' 하다 '간헐적 폭식' 한다?

'간헐적 단식'으로 체중을 줄이려는 사람들이 많다. 하루 중 16시간은 공복을 유지하고, 나머지 8시간 동안 음식을 먹는 '16:8 법칙'과 일주일 중 5일은 평소처럼 먹고, 나머지 2일은 공복을 유지하는 '5:2법칙' 등 간헐적 단식과 관련해 다양한 방법이 알려져 있다.

그런데 간헐적 단식을 잘못했다가는 '폭식증'으로 이어질 수 있어 주의가 필요하다. '많이 굶었으니 많이 먹어도 된다'라는 자기 합리화와 방심, 장기간 단식을 유지하기 어려움, 잘못된 단식 방법 등이 폭식을 유발할 수 있기 때문이다.

살다 보면 누구나 기분이나 상황에 따라 엄청난 먹성을 발휘

할 때가 있다. '내가 이렇게 많이 먹었나?' 하고 고개를 갸웃했던 기억이 한 번쯤은 있을 것이다. 다이어트에 관심이 있는 사람이라면 최근 며칠간 자신이 먹은 음식의 양을 계산해보고 깜짝 놀라는 일도 적지 않을 것이다.

그런 상황에서 정말 배가 고파서 먹은 음식은 얼마 되지 않는다. 때론 배고픔 여부나 건강의 유불리를 떠나 먹을 수밖에 없는 상황에 처하기도 한다. 대부분은 '어쩔 수 없다'거나 '일단 먹고 보자'라는 자기 합리화로 푸짐하게 먹은 뒤 이내 후회하게 된다. 어떤 이들은 먹은 것을 다시 토해내거나 설사약이나 이뇨제

진짜 허기가 아닌 '감정적 허기' 때문에 단 음식을 찾거나 과식하는 경우가 적지 않다. 하루 식사량의 50% 이상을 오후 7시 이후 섭취하는 '야식증후군'도 그 원인이 불규칙한 생활습관뿐만 아니라 과도한 스트레스, 불안, 우울증 등 심리적인 요인인 것으로 알려져 있다.

를 먹어 체중을 줄이려는 시도를 하기도 한다.

이런 경우는 '폭식증bulimia nervosa(신경성 대식증)'이라고 봐야 한다. 폭식증은 스트레스나 부정적인 감정, 외부 요인 등에 의해 발생하는 경우가 많다. 폭식증은 다이어트 등 외모를 중시하는 현대사회에서 식사 행동과 체중 및 체형에 대해 이상을 나타내는 '식이장애eating disorder'의 한 형태다.

미국 정신의학협회의 정신장애 진단 및 통계편람인 《DSM-5》는 폭식의 횟수가 3개월 동안 일주일에 한 번이라도 있으면 폭식증을 의심할 수 있다고 설명한다. 주로 혼자 있을 때, 고칼로리 음식을 먹으며 식욕을 억제할 수 없으며, 식후 죄책감과 자신에 대한 실망과 혐오감 등의 부정적인 감정에 휩싸인다고 한다.

폭식증은 외모를 중시하는 사회적 분위기로 인해 과거에는 다이어트를 하는 여성들에게서 주로 나타났다면, 요즘은 초등학생이나 남성들에게서도 흔히 나타나는 증세가 되었다.

특히 주목할 부분은 사회경제적으로 어려운 계층보다 중상류층의 젊은 여성들에게 흔히 발생한다는 점이다. 최근 발병자가 급격히 늘어나는 추세인데 미국이나 유럽에서는 청소년과 젊은 여성의 약 0.5~1%는 거식증anorexia nervosa(신경성 식욕부진증)을, 1~3%는 폭식증 증세를 보이고 있다고 한다.

여성이 90~95% 정도로 많은 편이지만, 점점 남녀 구분이 의

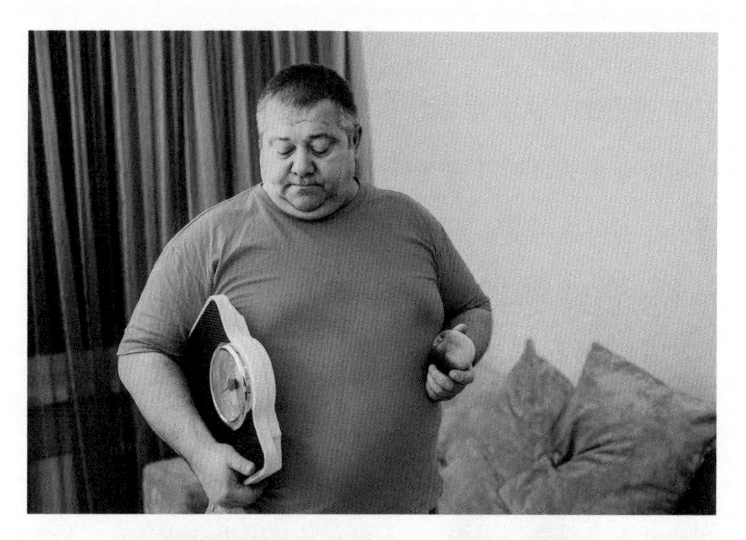

폭식증의 경우 비만 같은 문제가 생길 수도 있으나 살찌는 것을 두려워하여 음식을 먹고 구토하는 행동을 반복하면 식도염, 치아 손상, 죄책감, 자기혐오, 우울증 등의 심각한 문제로 이어지기도 한다. 거식증의 경우 영양 결핍을 초래할 뿐 아니라 몸의 저항력이 떨어져 질병에 쉽게 걸리게 된다.

미가 없어지고 있다. 한 연구 결과에 따르면, 2~3년 전 10% 정도에 머물렀던 남성 폭식증이 최근에는 20~25%로 증가했다. 문제는 분노 조절이나 우울감, 강박증을 동반하는데도 치료를 받아야 한다는 질환으로 인식하지 않고, 의지로 조절하려고 하다 보니 치료가 어렵다는 데 있다.

반복되는 다이어트 실패와 요요현상이 폭식을 부르는데, 이 폭식이 우울이나 분노 등 정신적 문제를 어느 정도 해소해주기 때문에 제대로 치료되지 않고 수시로 재발하는 것이다. 그러니 비만이나 폭식증 환자의 가족들은 '의지가 박약하다'고 비난해서는 안 된다. 비만과 폭식의 원인에는 가족 간의 갈등과 불화로 인한 심리적 허기가 큰 비중을 차지한다.

원인을 개인의 의지로 몰아갈 경우 가족과의 갈등이 더 깊어지고, 소외감, 대인기피를 보이거나 학교나 직장에서 능률이 떨어지고, 자해나 자살 충동, 쇼핑 중독과 같은 문제가 심각하게 나타날 수 있다. 폭식증은 심하면 입원 치료를 받아야 한다. 폭식을 조절하지 못하고 약물을 남용하거나 잦은 구토로 전해질 불균형 등의 내과적 문제가 생기면 약물 치료 등 다양한 관리가 필요하기 때문이다.

폭식증과 거식증 등 식이장애의 치료법을 연구 중인 유럽의 경영대학원 인시아드INSEAD의 연구팀은 "너무 많이 먹거나 먹는 것을 거부하는 이상 식사 행동은 정신질환에 속한다"면서 "뇌 전두엽 피질의 특정 물질을 측정해 식이장애와 비만 등에 대한 조기 진단을 내릴 수 있게 되면 사회적 비용 등을 상당히 줄일 수 있을 것"이라고 전망했다.

탄수화물 좋아한 부모 때문에 아이가?

다이어트를 한다고 하면 일단 탄수화물 끊기를 시도하는 사람이 많다. 탄수화물이 비만은 물론 당뇨 등 다양한 질병을 유발한다고 알려져 있기 때문이다.

실제로 임신부가 지나치게 탄수화물을 많이 섭취하면 태어날 아이에게 나쁜 영향을 미친다고 한다. 미국 국립보건원 산하 국립아동보건·인간발달연구소NIHD 연구팀은 "임신부가 임신 중 백미·밀가루 등 정제된 곡물을 과다 섭취하거나 다이어트음료(인공감미료 첨가 음료)를 많이 마시면 태어나는 아이가 비만이 될 확률이 크게 높아진다"라는 결과를 2017년 6월《국제역학저널》에 발표한 바 있다.

연구팀은 임신 중 식욕 증가로 탄수화물이 많이 함유된 음식을 과다 섭취하거나, 하루에 한 병 이상의 다이어트음료를 마시면 태어난 아이가 7살이 됐을 때 다른 아이들에 비해 비만이 될 확률이 높다고 밝혔다. 연구팀 관계자는 "임신 중에는 다이어트음료나 청량음료를 마시는 것보다 물을 마시는 것이 태어난 아이가 소아 비만에 걸릴 위험을 감소시키는 것"이라고 당부했다.

탄수화물의 자극성도 경계해야 한다. 독일 막스플랑크 대사연구소 연구팀은 2018년 6월 국제학술지 《세포대사》에 발표한 연구 결과에서 "현대인은 뇌의 보상회로를 자극하는 고지방·고탄수화물 음식에 익숙해져 배가 불러도 뇌의 보상 신호가 포만

우리는 일상생활 속에서 정제된 탄수화물, 즉 나쁜 탄수화물의 유혹에 쉽게 빠져든다.

감을 덮어버리기 때문에 먹는 것을 멈추지 못한다"라고 밝혔다.

감자튀김, 케이크, 과자 등이 대표적인 고지방, 고탄수화물 음식인데, 사람들이 이 음식들을 평생 끊지 못하는 것도 이 때문이다.

미국 스탠퍼드대학교 연구팀이 2018년 7월 《플로스 바이올로지PLoS Biology》에 발표한 논문에 따르면, 연구팀이 '연속 포도당 모니터링' 기술로 사람들의 혈당 수치를 측정한 데이터를 분석한 결과, 정상이라고 판단된 사람의 대부분이 식후에 혈당이 치솟는 '혈당 스파이크' 현상을 보이는 것으로 나타났다.

연구팀은 시험 참가자들에게 콘플레이크와 우유, 땅콩버터 샌드위치, 단백질바 등 3종류의 아침을 먹은 뒤 곧바로 혈당을 측정했다. 그 결과 혈당이 정상이라고 진단됐던 참가자의 절반 이상이 하나 이상의 식사를 마친 뒤 혈당이 당뇨병이나 당뇨병 전단계 수준으로 급증한 것으로 밝혀졌다.

특히 콘플레이크와 우유를 먹은 사람의 80%는 혈당 스파이크 현상을 보였다. 연구팀의 리더인 마이클 스나이더 스탠퍼드대학교 교수는 "건강하다고 생각하는 사람들 중에서도 실제로는 당뇨병 환자와 혈중 포도당 농도가 동일할 정도로 포도당 섭취량을 조절하지 못하면서도 이를 모르고 있는 경우가 많다"라고 설명했다. 단 음식을 멀리하는 사람도 평소 즐겨 먹는 음식에 탄수화물이 많이 함유돼 있다면 당뇨병에 걸릴 수 있다는 말이다.

그러나 탄수화물은 근육과 뇌는 물론 온몸의 세포 하나하나를 움직이게 하는 우리 몸의 중요한 에너지원이다. 탄수화물이 뇌를 자극해 더 많이 섭취하도록 계속해서 유혹하지만, 이는 그만큼 탄수화물이 우리 몸에 필요한 기본적인 에너지원이기도 하기 때문이다.

뇌와 적혈구는 탄수화물에서 얻는 포도당을 최우선적으로, 아주 많은 양을 에너지원으로 사용한다. 특히 뇌에 유일하게 영양분을 공급하는 것이 탄수화물이다. 뇌는 포도당만을 에너지원로 사용한다. 사람의 뇌는 1400g 정도로 우리 몸의 40분의 1도 안 되는 크기지만, 하루 소모되는 포도당의 50% 정도를 사용한다. 나머지 50% 남은 포도당을 신체의 40분의 39가 나눠서 사용하는 셈이다.

그러니 탄수화물 섭취가 갑자기 줄어들면 뇌 활동이 크게 위축된다. 먹은 것이 없는데 입냄새가 나기 시작한다. 탄수화물이 부족하면 신체는 지방을 분해해 부족분을 보충하려 하는데 그 과정에서 입냄새의 원인이 되는 케톤ketone이라는 물질이 분비되기 때문이다.

오랫동안 탄수화물을 섭취하지 않으면 저혈당 증세와 어지럼증, 두통, 근육 무기력증 등이 나타나고, 사리 분별이나 판단력

흰쌀밥보다 현미밥이나 잡곡밥이 '좋은 탄수화물'이다.

정크 푸드junk food(쓰레기 음식)는 패스트푸드, 인스턴트식품의 악명 높은 별명이다. 탄수화물, 지방, 염분 등이 많이 들어 있어 비만과 만성질환의 주원인이 된다.

도 심각한 수준으로 떨어지게 된다. 다이어트를 하거나, 건강을 되찾기 위해 식단을 조절해야 할 경우 탄수화물의 섭취량을 조절하고, 좋은 탄수화물과 나쁜 탄수화물을 구분해 섭취할 줄 알아야 한다.

탄수화물 섭취량이 줄어들면 기력이 떨어지지만 섭취량이 많으면 지방으로 전환돼 저장되면서 비만의 원인이 된다. 평소 운동을 하지 않아 신체 활동량이 적은 사람은 탄수화물 섭취량을 줄여야 한다. 건강을 생각한다면 생활 속 스트레스를 빵이나 과자로 풀거나 술과 안주로 달래겠다는 마음부터 버려야 한다. 잠깐 스트레스를 풀기 위해 오랫동안 앓아야 하는 질병을 선택하는 것과 다를 바 없기 때문이다.

탄수화물은 주요 에너지원이므로 이왕이면 '좋은 탄수화물'을 섭취하는 것도 중요하다. 좋은 탄수화물은 혈당을 서서히 올려 췌장의 인슐린 분비를 자극하지 않는다.

'나쁜 탄수화물'은 섭취 후 혈당을 빠르게 증가시켜 췌장에서 인슐린 분비를 급격히 촉진한다. 혈당을 급격히 올리는 탄수화물은 혈당을 급격히 떨어뜨린다는 말과 같기 때문에 다음 식사 시간이 오기도 전에 배고픔을 느끼게 한다. 결국 우리 몸속 탄수화물이 단시간에 너무 많이 증가해 넘치면서 지방으로 변해 저장되는 것이다.

나쁜 탄수화물의 대표는 '정제된 탄수화물'이라고 할 수 있다. 시중에 판매되는 강한 단맛의 과자와 빵, 청량음료 등은 멀리하는 것이 바람직하다.

HEALTH

16

다이어터가 조심해야 할 세 가지

가을은 식욕의 계절이다. 다이어트를 하는 이들이 가장 경계하는 시기가 바로 이때다. 초봄부터 여름 내내 관리해왔던 몸매가 긴 옷과 두꺼운 옷으로 가려지고, 이때부터 식단 절제도 느슨해지기 시작하기 때문이다. 게다가 민족 최대 명절 추석의 맛있는 음식들은 참기 힘든 유혹이다. 기름에 지지고 볶고 튀긴 음식은 조금만 방심하면 적정량을 훌쩍 넘겨 과식하기가 쉽다.

사실, 튀긴 음식의 인기는 계절을 가리지 않는다. 1년 내내 가장 많이 팔리는 음식 중 하나가 감자튀김이다. 햄버거와 함께 먹는 감자튀김은 맛이 각별하다. 하지만 이 감자튀김은 다이어트

제1의 적이라고 해도 과언이 아니다.

음식을 기름에 튀기면 바삭한 식감이 입맛을 돋우지만 독소를 생성하기도 한다. 감자튀김의 경우 기름에 튀기기 때문에 칼로리가 높을 뿐 아니라 인체에 해로운 유독물질이 생성된다.

감자튀김을 비롯해 감자칩과 비스킷 등 녹말을 함유한 식품을 굽거나 튀기면 '아크릴아마이드acrylamide'라는 물질이 생성된다. 이것은 고농도 상태에서 신경계를 파괴하고 암을 유발하는 유독물질이다. 오래 튀겨 음식이 갈색으로 변해갈수록 아크릴아마이드의 함유량은 더 높아진다.

아크릴아마이드는 물에 끓이거나 조리하지 않을 때에는 전혀

감자를 바삭하게 튀기면 몸에 해로운 화학물질이 만들어진다. 감자를 튀기는 기름의 온도가 130℃를 넘지 않도록 유지하면 아크릴아마이드 생성을 줄일 수 있다.

생성되지 않는다. 즉 기름에 튀기지 않으면 생성되지 않는다는 말이다. 낮은 온도에서 갈색으로 변하기 전까지 튀기면 아크릴아마이드 함유량이 낮아진다. 그러니까 녹말 성분이 든 식재료를 튀겨서 먹고 싶다면 바싹 튀기지 말고 익을 정도로만 살짝 튀겨서 먹어야 한다.

바싹 익혀서 나쁜 또 다른 대표적인 음식은 '고기'다. 다이어트를 하며 탄수화물 섭취를 줄이려는 이들이 하루 한 끼 정도는 밥 대신 고기만 구워 먹기도 한다. 고기는 직장인들의 주된 회식 메뉴이기도 하다.

고기는 어떻게 조리해서 먹느냐에 따라 몸에 미치는 영향이 크게 달라진다. 쇠고기 스테이크는 핏기가 남아 있는 레어rare로 잘 먹으면서 불판에 고기를 구울 때는 바싹 구워야 맛있다는 사람이 의외로 많다. 특히 돼지고기는 식중독 위험 때문에 대부분 바싹 익혀서 먹는다.

그런데 고기를 구우면 '마이야르 반응Maillard reaction'이라는 화학적 변화가 일어난다. 고기 속 성분인 아미노산, 펩티드, 단백질 등 아미노화합물이 가열되면 아미노기와 환원당 등이 반응해 갈색 색소를 생성하는 현상이다. 다른 여러 화합물과 멜라노이딘melanoidin이라는 갈색 물질이 생기는데 이것들은 우리 몸의 필수 아미노산인 리신lysine을 파괴한다.

또 고온으로 오랫동안 고기를 가열하면 벤조피렌benzopyrene 등의 발암물질과 유전자 변형물질도 생성된다. 온도가 90℃를 넘어가면 마이야르 반응이 일어난다. 그러니 이보다 낮은 온도에서 적당히 익혀 먹어야 한다. 생성되는 물질이 극소량이어서 몸에 거의 영향을 미치지 않을 수도 있지만 상호결합으로 우리 몸에 유해한 화학작용을 일으킬 수도 있다.

단백질 사이의 상호결합 현상이 일어나기 전인 상태에서 먹어야 필수 아미노산을 많이 흡수할 수 있다. 고기를 먹는 것은 필요한 영양소를 획득하기 위한 방법이지 병을 만들기 위한 목적은 아닐 것이다. 그러니 적당한 온도에서 적당히 익혀 적은 양을 먹는 것이 다이어트에 효과적이다.

다이어트를 할 때 최대의 적은 달콤한 음식이다. 정확하게는 탄산음료나 초콜릿, 케이크 등 다량의 설탕이 함유된 음식이다. 고기를 먹고 난 뒤에 탄산음료를 마시는 사람들도 많다. 굳이 탄산음료를 마시고 싶을 때는 설탕 대신 인공감미료를 넣어 칼로리를 낮춘 '라이트 음료'를 마시는 편이 낫다.

이 인공감미료는 아주 적은 양으로도 설탕과 같은 단맛을 낼 수 있다. 인공감미료는 설탕과 달리 체내에서 별다른 반응을 일으키지 않고 그대로 배설된다. 영양가가 전혀 없으며 흡수되지 않고 체외로 배출되니 다이어트용 음료로 인기가 높다.

고기 속에 함유된 당 성분과 단백질 성분이 열을 만나 화학반응을 일으켜 고기를 갈색으로 익히면서 냄새 물질을 만들어내는 현상을 마이야르 반응이라고 한다. 1912년 프랑스의 생화학자 루이 카미유 마이야르에 의해 처음 보고되었다. 이 반응은 고기를 구울 때 나는 맛있는 냄새와 직접적인 연관성이 있으며 스테이크 같은 육류의 맛을 결정하는 데도 큰 영향을 미친다.

탄산음료는 특유의 청량감 때문에 찾는 이가 많지만, 다이어트를 하는 이들이라면 멀리할 필요가 있다.

인공감미료가 충치를 유발하는 치석을 발생시키지는 않지만, 다량 섭취할 경우 금속 맛이 나거나 설사를 유발할 수 있으니 주의해야 한다. 무엇이든 지나치면 좋지 않다.

식이조절로 살을 빼고 싶다면 자신의 라이프스타일에 맞춰 먹는 양을 적절히 조절하는 것이 중요하다. 그리고 경계해야 할 세 가지 음식을 기억하자. 바싹 튀긴 녹말 성분의 튀김, 바싹 익힌 고기, 설탕만 좀 더 피하려고 노력한다면 상당한 성과를 거둘 것이다.

식품 포장지가 살찌게 한다?

현대인은 살찌는 것에 민감하다. 칼로리가 낮은 음식을 일부러 찾아서 먹으려고 애쓰는데 정작 식품 포장지 등을 통해 환경호르몬을 흡수한 영향으로 살이 찌게 된다면 억울하지 않을까?

'프탈레이트Phthalate'는 딱딱한 플라스틱에 유연성을 주기 위해 첨가하는 물질이다. 일상생활에서 사용되는 다양한 플라스틱 제품에 함유돼 있다. 쉽게 휘고 탄력성 있는 성질 때문에 플라스틱 첨가제로 널리 사용된다.

다양한 제품의 포장지, 의료기기, 아이의 장난감, 인형, 식품 용기, 수액 세트, 혈액백, 문구류, 방향제, 식품을 둘러싸는 랩 등에 첨가되어 있어 인체로 유입될 수 있다. 프탈레이트를 식품과 연관이 있는 포장재로 많이 사용하다 보니 국내 유통되고 있는 빵·떡류, 설탕, 식육 가공품 등에서 0.001~0.38μg/kgbw이 검출돼 논란이 일기도 했다.

식품의약품안전처에 따르면, 우리 국민의 프탈레이트 1일 평균 노출량(kg당 하루 섭취량)은 10.1μg/kgbw/day로 인체노출허용량(TDI, 50μg/kgbw/day)의 5분의 1 수준으로 비교적 안전한 상태라고 한다. 그러니 일부 식품에서 검출된 프탈레이트의 양이 걱정할 정도는 아니었던 것이다.

하지만 프탈레이트는 체내에서 내분비계의 정상적인 기능을

식품포장 용기 등에 포함된 프탈레이트에 노출되면 인체의 내분비계가 혼란을 일으킬 수 있다.

혼란시키는 내분비계 장애물질, 즉 환경호르몬의 일종이다. 내분비계 장애물질은 인체의 호르몬과 비슷하게 작용한다. 체내 지방세포에 녹아들어 자리 잡은 뒤 자연 호르몬의 생산과 방출, 이동, 대사, 결합 등에 혼란을 일으킨다. 내분비계 장애물질의 이런 활동은 몸을 살찌게 하거나, 비뇨생식기의 기형, 성 발달 저해 등을 야기할 수 있다.

독일 헬름홀츠 환경연구소 연구팀은 프탈레이트가 대사 과정을 변화시켜 체중 증가의 원인이 된다는 연구 결과를 국제학술지에 발표했다. 연구팀은 생쥐 실험을 통해 프탈레이트와 체중 증가의 상관관계를 증명했다.

프탈레이트를 넣은 식수에 노출된 생쥐, 특히 암컷 생쥐의 체중이 프탈레이트에 노출되지 않은 다른 생쥐에 비해 크게 증가했다. 연구팀은 프탈레이트가 혈액 내 불포화지방산의 비율을 증가시키고, 포도당의 대사를 방해하며, 대사의 핵심인 혈액 내 수용체에 영향을 준다는 사실을 밝혀냈다.

콜럼비아대학교 메디컬센터 연구팀은 프탈레이트가 여아의 뇌 발달과 운동 기능 저하, 특히 소근육 운동 능력 감퇴에 영향을 끼친다는 연구 결과를 내놓기도 했다. 소근육 운동 기능이 떨어지는 아이들은 글쓰기나 전자기기 사용 등 학교 공부를 하는 데 어려움을 겪을 수 있다.

프탈레이트는 1930년대부터 사용해온 유기화학물질로 DEHP, DBP, BBP, DEHA 등 약 39종에 이른다. 플라스틱을 부드럽게 만드는 가소제, 로션이나 크림이 피부 속으로 흡수되도록 도와주는 윤활유, 오랫동안 향기가 유지될 수 있도록 해주는 보존제 용도로 주로 사용된다.

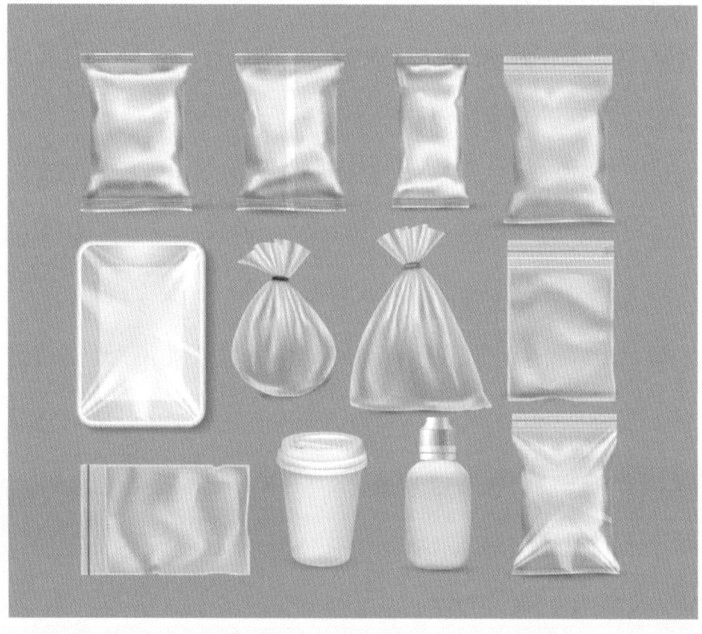

프탈레이트는 반감기가 매우 짧은 편이라 신체와 환경 속에서 비교적 빠르게 분해되는 특성이 있다. 프탈레이트가 들어 있는 물질을 일정 기간 피하는 것만으로도 체내의 프탈레이트 농도가 감소하는 효과를 확인할 수 있다. 친환경 생활용품을 사용하는 등의 습관을 들이는 것만으로도 환경호르몬의 위협에서 크게 벗어날 수 있다.

살이 찌는 가장 큰 원인은 무엇보다 식습관이다. 그런데 프탈레이트 같은 환경호르몬에 노출되는 것도 식습관 때문일 가능성이 크다.

프탈레이트의 인체 노출량은 극히 미미한 수준이지만 피할 수 있으면 피해야 한다. 식품용 랩의 경우 지방·알코올 성분이 많은 식품과 접촉을 피하는 것이 좋고, 100℃ 이하의 음식에만 사용해야 한다.

또 방향제나 향수 사용도 줄여야 한다. 공기 중의 프탈레이트가 호흡기나 피부로 흡수될 수 있기 때문이다. 환기를 자주하여 방향제 사용으로 인해 공기 중에 떠도는 프탈레이트를 밖으로 내보내는 것이 좋다. 아이들이 장난감을 입으로 물거나 빨지 않도록 주의를 주는 것도 잊지 말아야 한다.

오랜만에 운동하면 근육통이 생기는 이유

균형 잡힌 몸매에 대한 현대인들의 관심은 상당히 높다. 특히 겨우내 불어난 몸집 때문에 연초에 계획을 세우고 운동을 시작하는 사람들이 많다. 그런데 큰맘 먹고 피트니스센터에 나가 첫날 열심히 운동하고 나서, 다음 날 운동을 거의 못하는 경우가 많다. 바로 근육통 때문이다.

첫날 열심히 운동한 시간과 근육통의 양은 비례한다. 열심히 움직인 시간이 많을수록 고통이 더 커진다는 말이다. 격렬한 통증에 운동은커녕 운동기구 주변을 배회하다 샤워만 하고 집으로 돌아온 경험이 있는 분이 많을 것이다. 이런 근육통은 도대체 왜 생기는 것일까?

근육을 사용하면 '젖산lactic acid'이 생성되는 것으로 알려져 있다. 이 젖산을 흔히 '피로물질'이라고 부르기도 한다. 운동을 시작하게 되면 차츰 산소가 부족해지는데 이 상태에서 신체는 포도당을 분해해 젖산을 생성하게 된다. 이 과정을 '젖산 발효'라고 한다. 이 젖산이 근육통의 원인이 되는 것이다.

근육에서 젖산 발효를 통해 만들어진 젖산은 전하를 띤 형태로 존재한다. 이 전하가 친수성을 갖게 되면서 삼투압에 영향을 미치게 된다. 농도가 다른 두 막을 사이에 두고 저농도 쪽에 있는 용매가 고농도 쪽으로 이동하는 현상이 발생하는데, 저농도와 고농도 사이를 가로막는 막이 받는 압력을 삼투압이라고 부른다.

근육에 젖산이 쌓이면 삼투압을 낮추기 위해 삼투 현상이 일어나 수분이 들어와 근육이 붓는다. 근육이 부으면 주변의 신경을 눌러 통증이 발생하게 된다. 근조직의 손상 등으로 인해 발생하는 근육통도 있지만, 흔히 우리가 겪는 근육통은 대체로 피로물질인 젖산이 쌓여 발생하는 것이라고 할 수 있다.

젖산으로 인한 이 근육통은 시간이 지나면 서서히 사라진다. 운동한 다음 날부터 시작된 통증은 짧으면 3일, 길어도 일주일 정도면 사라진다. 이처럼 슬그머니 근육통이 사라지는 것은 또 무슨 까닭일까?

과학자들은 이를 '포도당 신생합성' 또는 '글루코오스 신생합성gluconeogenesis' 현상 때문이라고 설명한다. 포도당 신생합성은 주로 간에서 아미노산, 글리세롤, 젖산 등 당 이외의 물질로부터 새로 당을 생성하는 것을 말한다. 그러니까 포도당 신생합성은 체내 혈당량이 떨어지는 것을 방지하기 위해 사용되는 방법인 셈이다.

다시 설명하면, 젖산이 포도당 신생합성의 중요한 물질 중 하나로 변신하게 된다는 말이다. 근육에 쌓여 있는 젖산이 혈액을 통해 간으로 이동하고, 간에서는 젖산을 포도당으로 변환시키면서 체내에 쌓인 젖산을 줄여가는 것이다. 근육에 쌓여 있는 젖산이 빠져나가면 신경을 압박하던 근육의 붓기가 빠지면서 근육통도 없어진다.

포도당 신생합성은 주로 간에서 일어나거나 신장에서 일부 진행된다. 근육에서는 이 과정이 진행되지 않고, 간이나 신장으로 이동한 후에 포도당 신생합성이 일어나기 때문에 근육통이 사라지는 데 며칠씩 걸리는 것이다.

젖산의 발생을 막을 수는 없지만 줄일 수는 있다. 운동을 시작하기 전이나 마친 후에 10분 정도 가벼운 유산소운동을 하거나, 스트레칭을 통해 근육을 풀어주면 갑자기 근육에 무리를 가하지 않게 돼 젖산 발생을 줄일 수 있다.

운동 후 근육통이 생겨야 근육이 만들어진다고 믿는 것은 잘못된 상식이다. 근육은 강도, 시간, 횟수를 점진적으로 올려서 최대치가 될 때까지 사용하면 근육 세포가 커진다. 평소 운동을 안 하다가 갑자기 운동을 과도하게 하는 경우 근육통에 시달리게 되는데, 통증이 아주 심하다면 근육 손상과 연관이 있을 수 있다.

운동 전후 유산소 운동이나 스트레칭으로 근육을 풀어주면 젖산 발생을 줄일 수 있다. 근육에 혈액 공급이 원활해져 피로물질인 젖산 등이 빨리 배출되기 때문이다.

아울러 마사지나 온찜질, 반신욕 등으로 혈액순환을 원활하게 해주면 근육에 쌓인 젖산을 보다 빨리 간이나 신장으로 이동시킬 수 있기 때문에 젖산으로 인한 근육통도 줄일 수 있다.

운동에는 '간격'이 필요해

단시간에 살을 빼고자 평소에 하지 않던 격렬한 운동에 도전하는 사람들이 있다. 하지만 무리해서 운동하면 오히려 탈이 날 수도 있다. 운동 시간이 너무 길어져도 마찬가지다. 그래서 필요한 것이 '간격interval'이다.

전문 트레이너들은 대부분 운동을 가르칠 때 '인터벌 트레이닝'을 권한다. 인터벌 트레이닝은 강한 강도의 운동과 약한 강도의 운동을 교대로 수행하는 방법이다. 이때 강한 강도의 운동은 심박수가 최대에 도달할 정도는 돼야 한다. 강함과 강함 사이에 약함이라는 간격을 둬서 우리 몸이 강도 높은 운동을 다시 받아들일 수 있는 에너지 시스템을 회복하는 것이 중요하다.

인터벌 트레이닝은 강도에 변화를 줄 수 있는 운동이라면 무엇이든 가능하다.

가장 손쉽게 할 수 있는 인터벌 트레이닝은 달리기다. 20분 인터벌 트레이닝을 다음과 같은 방법으로 시도할 수 있다. 빠르게 걷기·워밍업(8분)–전력 질주(1분)–빠르게 걷기(2분)–전력 질주(1분)–빠르게 걷기(2분)–전력 질주(1분)–천천히 걷기·쿨링다운(5분).

'고강도 인터벌 트레이닝HIIT, High-intensity interval training'은 운동 중간에 가벼운 운동을 하면서 불완전한 휴식을 취하거나 몸의 피로가 충분히 회복되기 전에 다시 운동을 해 운동의 지속 능력을 높이는 방법이다. 높은 강도와 짧은 시간의 휴식을 반복하면 운동을 끝낸 후에도 사람의 몸은 운동을 계속하는 것과 같은 효과를 낼 수 있다.

예를 들어, 달리기를 할 때는 빠른 속도로 1분 정도 달리다가 약간 느린 듯한 속도로 1~2분 정도 달리기를 7~10세트 반복하는 것이다. 이때 인터벌을 준다고 슬슬 걷다 뛰다 걷다 뛰다를 반복해서는 별다른 효과를 거둘 수 없다. 인터벌 트레이닝은 기본적으로 심장에 무리가 가는 것을 걱정해야 할 정도로 고강도로 수행해야 한다.

인터벌 트레이닝은 심폐 기관의 웨이트 트레이닝이라고 할 수 있다. 몸에 부하와 휴식 시간을 교대로 주는 행동을 반복하는 것이기 때문이다. 심장도 근육으로 이뤄져 있는 만큼 이런 식의 트레이닝은 심폐지구력의 극적인 향상을 이끌어낼 수 있다.

인터벌 트레이닝을 하면 회복기 초과산소소모EPOC, Excess Post-exercise Oxygen Consumption의 원리에 따라 운동 종료 후에도 지방과 탄수화물 대사를 지속할 수 있다. 몇 분간의 짧은 운동으로 몇 시간의 유산소 운동 효과를 노리는 것이다. 고강도 운동을 하면 어차피 몇분 하지 못하고 녹초가 되기에 짧은 고강도와 긴 저강도 운동을 되풀이하는 것이 상식적이다.

실제로 이런 인터벌 트레이닝의 효과가 크다는 연구 결과가 있다. 미국의 메이요 클리닉병원 연구팀은 30세 이하와 64세 이상의 남녀, 건강하지만 모두 앉아서 일하는 72명을 대상으로 다양한 방식의 트레이닝을 실험한 결과, 인터벌 트레이닝이 가장 운동 효과가 컸다는 연구 결과를 발표했다.

실험 참가 그룹 중 자전거 운동기구를 타되 4분간 아주 강한 강도로 페달을 돌리고, 3분간 쉬는 것을 3회 이상 반복하는 인터벌 트레이닝을 한 그룹을 12주 후 다시 검사했을 때 놀라운 결과가 나왔다. 지구력과 근육세포의 활성화 수준이 상당히 향상된 것이다.

연구팀은 근육세포를 위한 에너지를 생산하는 미토콘드리아에 긍정적인 영향을 미치기 때문이라고 분석했다. 젊은 사람보다는 나이 든 사람에게서 더 극적인 효과가 나타났는데, 인류의 조상들이 사냥감을 쫓아 짧은 시간에 폭발적으로 힘을 내는 방식을 따라하는 것처럼 운동하기 때문이라는 설명이다.

이때 자신이 버틸 수 있는 강도만큼만 운동하는 것이 중요하다. 무작정 전투적으로 덤벼들면 오히려 건강에 해를 끼칠 수 있다. 사람마다 몸에 맞는 약이 따로 있듯이 개개인의 건강 상태, 근육량, 기초체력 등에 맞춰 운동의 종류와 강도를 결정해야 한

미토콘드리아의 구조

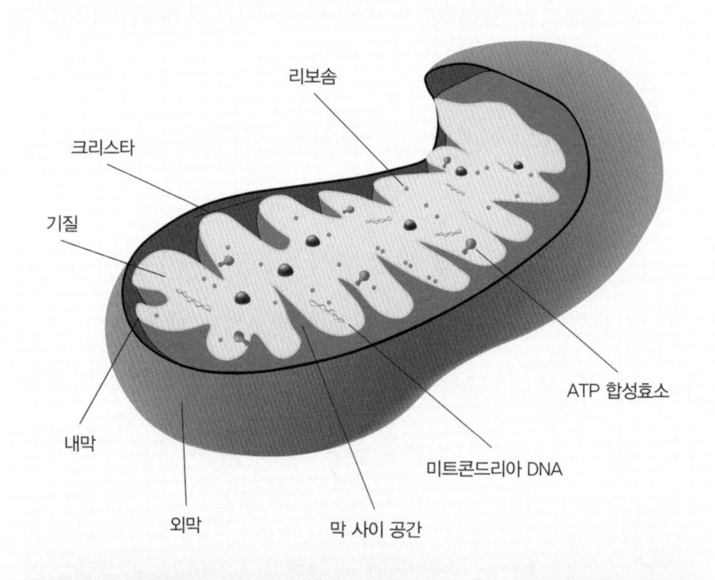

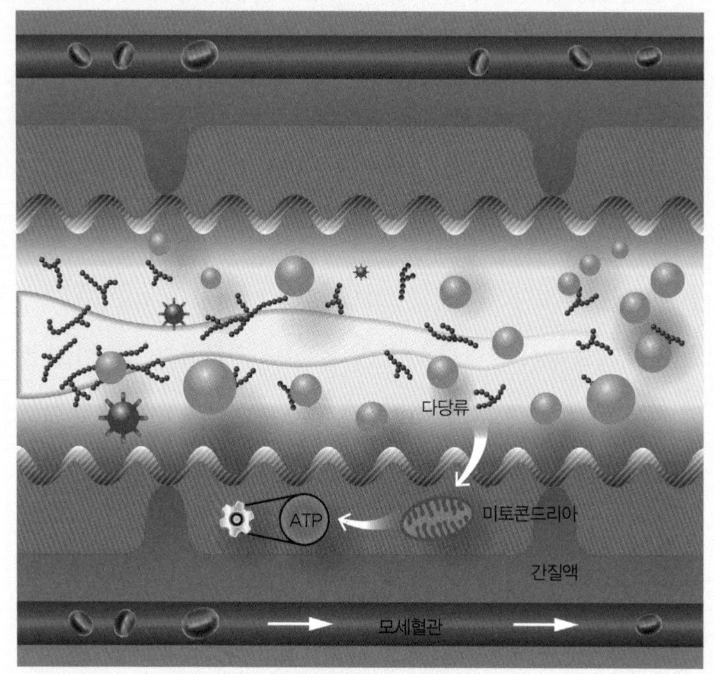

미토콘드리아의 가장 중요한 기능은 몸속으로 들어온 음식물을 통해 에너지원인 ATP를 합성하는 것이다. 미토콘드리아의 내막에 존재하는 'ATP합성효소'라는 단백질이 ATP를 만들어낸다.

다. 처음 운동을 시작할 때 무리하면 다치거나 지쳐서 오히려 지속적으로 운동을 못하게 될 수도 있는 만큼, 평소 운동량보다 10% 정도 늘린다는 생각으로 시작해서 서서히 운동 강도를 올려가는 것이 좋다.

운동 후에 천천히 몸을 계속 움직여주면 심박수를 낮춰주고 운동 부위에 모였던 혈액을 몸 전체에 배분하는 데 도움이 된다. 달리기를 했다면 마무리 운동으로 자전거를 타서 하체에 쏠려 있는 혈액을 몸 전체에 분산해 심장에 부담을 주지 않고 운동을 마무리할 수 있다.

일반적으로 고강도 운동을 하기 전에는 3분 정도 워밍업을 해야 한다. 몸이 충분히 풀어지면 30초 동안 최대한 힘든 운동을 수행한다. 달리기나 웨이트 트레이닝 등 강도에 변화를 줄 수 있는 운동이라면 무엇이든 가능하다. 고강도 운동은 심박수를 최대한 늘리는 것이 목표인 만큼 고강도 구간에서는 더 이상 운동을 지속할 수 없다고 느낄 정도로 강하게 몰아붙여야 한다.

고강도 운동이 끝나면 다시 30초 이상 천천히 저강도의 운동을 하는 반복 과정을 7~10회 정도 수행하면 된다. 이때 명심해야 할 것은 매일 운동을 하기보다 주 3~4회 정도만 인터벌 트레이닝을 하는 것이 좋다는 사실이다. 매일 고강도 운동을 지속할 경우 관절에 무리가 갈 수 있기 때문이다.

칼로리 수치 맹신은 금물

'칼로리cal'는 무엇일까? 밥을 먹으며 몇 칼로리나 될까 따져보기도 하고, 트레드밀 위에서 좀 뛴 날은 소모한 칼로리가 얼마나 될까 유심히 계기판을 들여다보기도 한다.

칼로리는 에너지다. 벽난로 속의 장작이 타오르면서 따뜻한 열(에너지)을 내는 것처럼 음식물을 먹으면 소화기관에서 분자 상태로 쪼개져 인체가 활용하는 에너지가 된다. 이 에너지를 칼로리라고 한다.

1cal는 대략 물 1g의 온도를 1℃ 높이는 데 필요한 에너지(열량)라고 정의한다. 대문자 C를 써서 1Cal라고도 표기하는 1킬로칼로리kcal는 1칼로리의 1000배로, 1kg의 물을 데워 온도를 1℃

높이는 데 필요한 에너지다.

식품 포장지에 대문자 C를 사용해 'Cal'이라고 표기돼 있으면 이는 킬로칼로리, 즉 1000cal라는 뜻이므로, '어라? 저칼로리네?' 하고 착각하면 안 된다. 성인이 하루에 필요한 열량을 대략 '2400칼로리'라고 흔히 말하는데, 이를 정확하게 표현하면 '2400킬로칼로리'다. 한글이 아닌 단위 표기는 '2400kcal'나 '2400Cal'로 돼 있어야 한다.

국제단위계SI, System of International units에서 에너지 단위로 'J(줄)'을 사용하는 만큼 유럽이나 중국, 북한 등에서는 J을 사용하고 있다. 한국에서 익숙한 단위는 cal와 kcal, Cal이다. 중국 과자나 컵라면을 샀는데 열량이 '1000'이라고 표기돼 있으면, 이는 kcal가 아닌 '킬로줄kJ'로 이해하면 된다. kJ은 한국에서 쓰는 kcal에 4.2를 곱해야 한다. 정리해서 다시 표현하면, '1Cal=1kcal=1000cal=4200J=4.2kJ'이 되는 것이다.

그렇다면, 식품 포장지에 기록되는 칼로리는 어떻게 계산될까? 모든 식품회사는 '애트워터 계수Atwater's coefficient'에 근거해 cal를 계산한다. 애트워터 계수는 미국 이스트테네시대학교 생리학자였던 윌버 애트워터가 1896년 4000여 가지 음식의 칼로리를 측정해 얻어낸 평균값이다.

음식물에는 탄수화물, 단백질, 지방 등 3대 영양소가 포함돼 있는데 탄수화물은 1g당 4.1kcal, 단백질은 1g당 5.65kcal, 지방은 1g당 9.45kcal의 열량(에너지)을 낸다. 이들 영양소가 인체의 소화기관에서 연소될 때 탄수화물과 지방은 완전연소되지만, 단백질은 그렇지 않아 1g당 1.3kcal가 요소, 요산, 크레아틴, 크레아티닌 등의 화합물이 돼 소변으로 배설된다.

에너지가 인체에 흡수되는 과정에서 탄수화물은 평균 98%, 지방은 95%, 단백질은 92% 정도만 흡수된다. 따라서 실제 발생하는 열량은 1g당 탄수화물 4kcal, 지방 9kcal, 단백질 4kcal가 된다는 애트워터의 주장에 따라 모든 음식물의 열량을 계산할 때 이 애트워터 계수를 적용한다. 술에 포함된 알코올은 7kcal로 애트워터 계수에 포함돼 있다.

식품 포장지에는 생산자가 음식물에 포함된 각 영양소의 종류를 조사한 뒤 그 양에 탄수화물은 4, 지방은 9, 단백질은 4, 알코올은 7을 곱해 합산한 숫자가 표기되어 있다.

최근 이 애트워터 계수가 정확하지 않다는 사실이 밝혀졌다. 애트워터 계수에는 영양소가 동물성인지, 식물성인지, 어떤 동물이나 식물의 영양소인지 등이 구분되어 있지 않다. 예를 들어 햄버거와 프라이드치킨이나 아몬드에 들어 있는 지방 1g의 에너지는 서로 다르고, 쌀도 품종이나 생육 조건, 보관 상태, 조리 방법 등에 따라 품은 에너지양이 달라진다.

성인의 하루 필요 열량은 평균 2000~2400kcal 정도다. 하지만 성별, 연령, 하루 활동량 등에 따라 각자 필요한 열량은 다르다. 그러므로 체중 조절을 한다고 지나치게 칼로리를 줄이는 식단에 집착할 필요는 없다.

또 개인의 체질이나 장속에 공생하는 세균의 양에 따라, 먹을 때 씹는 횟수에 따라, 다른 재료와 혼합한 요리일 때 등등 다양한 경우에 따라 인체에 흡수되는 에너지의 양이 달라질 수 있다는 점을 간과했다는 사실이 최근에야 밝혀진 것이다. 그렇지만 애트워터 계수만 한 근사치가 없는 만큼 새로운 기준이 나오기 전까지는 애트워터 계수를 계속 사용할 수밖에 없을 것 같다.

칼로리는 음식물을 섭취하면 인체에 얼마나 에너지를 공급하는지, 얼마나 지방으로 축적되는지를 수치로 환산한 것이라기보다 그저 얼마나 잘 연소되는지를 측정한 측정값이라고 판단해야 한다.

비만하면 몸매가 흉하고 옷맵시가 살지 않아 살을 빼려는 사람들이 많은데, 비만으로 인한 만성 대사질환이 더욱 심각한 문제라는 사실을 간과해선 안 된다.

몇몇 과학자들은 칼로리를 계산해 음식을 먹는 것이 살빼기에 도움이 되지 않는다고 주장한다. 수많은 음식의 칼로리를 기억하고, 지나치게 칼로리를 걱정해서 음식을 제대로 섭취하지 못한다면 오히려 다이어트에 해가 된다는 뜻이다. 우리는 다이어트라는 말을 살빼기 또는 음식 '제한'의 동의어처럼 쓰지만, 엄밀히 말하면 다이어트는 평소 일상적으로 먹는 식사, 식습관, 먹거리를 가리킨다.

예를 들어, 견과류는 칼로리가 높지만 다이어트용 간식으로 많이 꼽힌다. 열량보다 견과류의 불포화지방산의 가치에 주목하기 때문이다. 연어의 칼로리, 올리브 오일의 칼로리, 흰 쌀밥의 칼로리 가치는 모두 다르다. 그러므로 지나치게 칼로리에 집착할 필요가 없다. 아울러 칼로리가 높다고 무조건 살찌는 것이 아니라는 사실도 알아야 한다.

고지방, 고칼로리 음식은 포만감을 주기 때문에 먹는 양이 오히려 줄어들 수 있다. 식품 포장지에 표기된, 식당의 메뉴에 표기된 칼로리는 참고할 수 있는 '근사치'일 뿐이다. 그러니 cal와 kcal, kJ에 대해 명확히 구분하면서 자신의 몸 상태에 적합한 식단을 짜는 것이 유익하다.

HEALTH
21

칼로리 소모, 운동보다 정신 활동?

우리가 먹은 음식은 일정한 에너지를 생산하고, 생산된 에너지를 모두 소비하지 않으면 사람의 몸속에 축적돼 살이 된다.

세계보건기구가 비만을 21세기의 신종 감염병으로 규정하면서 현대인은 다이어트가 일상화된 시대를 살고 있다. 다이어트를 하는 이들은 음식을 눈앞에 두고도 마음이 불편하다. 음식의 칼로리를 계산한 뒤에 적절하다고 판단한 양만 먹거나 적정량 이상을 먹은 뒤에는 칼로리 소모를 위해 운동해야 한다는 강박관념에 시달리기도 한다.

어떤 이들은 음식을 먹는 즐거움이 사라진 삶을 살기도 한다.

우리 몸은 운동할 때보다 정신 활동을 할 때 더 많은 칼로리를 소모한다. 뇌는 우리 몸에서 좀처럼 늙지 않는 기관에 속하는데, 나이가 들어 기억력이 감퇴해도 왕성한 창작욕을 불태우는 이들이 많은 것도 이 때문이다.

각종 매체들이 칼로리를 줄이는 방법 등에 대한 정보를 쏟아내고 있어 대부분의 사람들은 이런 건강 정보를 기준으로 칼로리를 덜 섭취하거나 더 많이 소모하기 위해 노력한다.

그렇다면, 가장 많은 칼로리를 소모하는 활동은 무엇일까? 일반적으로 거친 운동이라고 생각하기 쉽지만 가장 많은 에너지를 소모하는 활동은 신체의 신진대사 활동인데 그 가운데서도 '뇌 활동'이 독보적이다.

일반적으로 사람이 섭취한 음식물은 소화라는 활동을 거쳐 신체 곳곳에 에너지로 전달되는데, 전체 에너지의 8~15%를 음식물 소화에 사용한다. 장기 기능을 유지하는 데도 상당히 많은 에너지가 필요하다는 의미다. 그런데 소화 활동보다 더 많은 에너지를 소비하는 곳이 있다. 바로 뇌다. 인체 에너지의 19% 정도가 뇌 활동에 투입된다고 한다.

과학자들은 "사람 몸무게의 2%에 불과한 뇌 신경세포가 사람이 사용하고 있는 전체 에너지의 19% 정도를 사용하고 있다"라는 사실을 정석으로 받아들이고 있다. 이들은 "뇌에서 매우 많은 에너지를 소모하는데 격렬한 지적 활동을 할수록 더 많은 포도당을 소비한다"라고 주장한다.

미국 워싱턴대학교 마커스 라이크 교수는 "일상적으로 사람이 하루 평균 사고 과정에서 소비하는 열량은 320kcal 정도"라면서 "회사에서 새로운 프로젝트를 기안하거나 어려운 과제가 주어지면 더 많은 에너지를 사용하게 된다"라고 밝혔다.

한편 살을 빼기 위한 의도적인 정신적 혹사에 대해서는 "효과가 별로 없을 것"이라면서 "억지로 뇌를 혹사하기보다는 앞뒤로 왔다 갔다 하며 움직이는 것이 더 나을 것"이라고 말했다. 정신 활동의 내용에 따라 에너지 소비량이 달라지지 때문이다.

중요한 정보를 모니터링하거나 다른 사람이 할 수 없는 특수한 정신 활동을 할 때 에너지 소비량이 특히 많은데, 새로운 프로젝트를 만들거나 예술 창작 활동을 할 때 에너지 소모가 두드러진다고 한다.

클래식과 재즈처럼 음악 장르에 따라 피아니스트의 뇌 활동이 다르다는 연구 결과도 있다. 뇌의 물리적, 정신적 기능을 탐구하는 학문인 뇌과학의 발달에 따라 두뇌의 신비가 점차 밝혀지고 있다.

정신 활동이 활발하게 진행될 때 에너지가 부족하면 정상적인 사고력을 발휘하기 어렵다. 이럴 때는 당분이 많은 스포츠음료를 마시거나 간식을 먹어서 에너지를 보충할 수 있지만, 포도당이 많은 식품을 지나치게 섭취해 필요 열량을 초과하는 경우도 흔하다. 사무직 종사자 중 비만이 많은 이유 중 하나일 수 있다. 적당량의 간식을 조절하지 못하는 것이 원인이다.

다이어트 성공의 열쇠는 식사다. 그렇다고 모든 음식의 칼로리를 외워서 먹을 때마다 신경을 써야 한다면 매우 피곤한 일이다. 칼로리를 신경 쓰지 않고 즐겁게 먹는 비결은 없을까? 과학자들은 소금, 설탕, 밀가루, 이 세 가지만 줄여도 체중이 금방 빠진다고 조언한다.

덜 자극적인 음식을 먹는 것, 몸에 해로운 성분을 덜 먹는 것, 그리고 일상에서 할 수 있는 적당량의 운동만으로도 남아도는 칼로리 걱정을 하지 않아도 된다는 말이다. 이마저도 어렵다면? 건강한 몸을 갖기 위한 최소한의 노력조차 하지 않겠다는 심보다. 로또를 사지도 않고 당첨되길 바라는 마음이 이와 같지 않을까 싶다.

HEALTH 22

칼로리 잡는 '갈색 지방'의 비밀

우리가 음식을 섭취하면 신체는 그것을 에너지로 변환해 사용하게 된다. 기본적인 활동과 운동, 생각 등을 통해 사용하고 남은 에너지를 '지방Fat'이라는 형태로 저장하게 된다. 이렇게 저장된 지방은 백색 지방, 갈색 지방, 베이지색 지방으로 나눌 수 있다.

체지방이라고 부르는 백색 지방은 피부 아래 저장된 피하지방과 내장과 기관 주변에 저장돼 있는 내장지방으로 나뉜다. 피하지방은 뚱배, 엉덩이, 허벅지, 가슴 등에 분포돼 있다. 백색 지방이 많으면 살찐 것 같아 싫어하지만, 체지방으로 저장된 지방은 체온 유지와 에너지 저장고 역할, 외부 충격으로부터 내장과 기관을 보호하는 역할을 하기도 한다.

문제는 저장된 백색 지방의 양이 늘어나 체중이 무거워지면서 발생한다. 비만으로 과다하게 늘어난 체지방이 신진대사를 방해해 대사증후군을 유발하는 등 건강에 악영향을 미치기 때문이다.

내장지방도 마찬가지다. 불규칙한 식습관 등으로 내장과 기관에 내장지방이 과도하게 쌓일 경우 건강에 치명적인 염증물질을 계속 분비하고, 인슐린을 교란시키며, 심장질환 및 당뇨의 위험도 높아진다.

반면 갈색 지방은 인체의 목, 쇄골, 콩팥이나 척수 등에 소량만 존재한다. 갈색 지방의 가장 큰 역할은 지방을 연소시키는 것이다. 인체는 체온을 항상 유지해야 하기 때문에 이를 위해 에너지를 소비하게 되는데, 그 에너지원이 바로 갈색 지방이다. 날이 추우면 갈색 지방을 태워 에너지로 전환시키고 그로 인해 발생한 열로 체온을 유지하는 것이다. 하지만 아쉽게도 성인은 갈색 지방을 많이 가지고 있지 않을 뿐 아니라 사람마다 편차도 크다.

지방세포 안에 들어 있는 미토콘드리아의 양이 많으면 지방은 갈색을 띠고 그보다 양이 적으면 베이지색을 띠게 된다. 베이지색 지방은 백색 지방과 섞여 있다가 특정한 환경이 되면 갈색 지방처럼 기능하게 된다. 미토콘드리아는 인체의 에너지 발전소

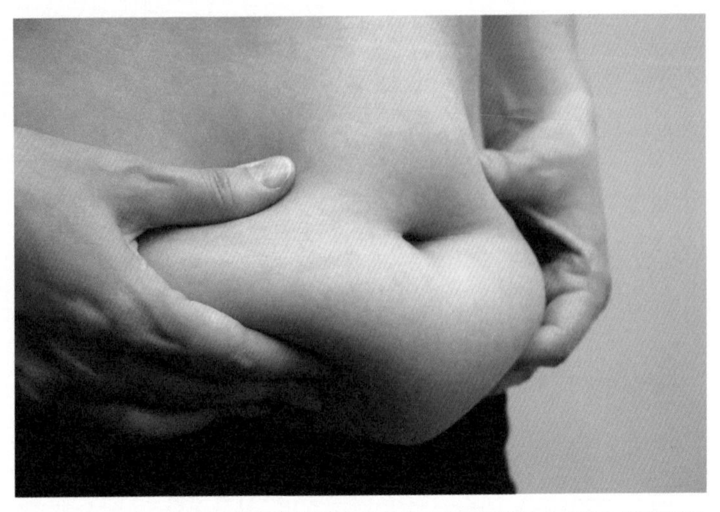

피부 아래와 내장 기관에 분포한 백색 지방이 흔히 살쪄서 지방이 많다고 할 때의 그 체지방이다.

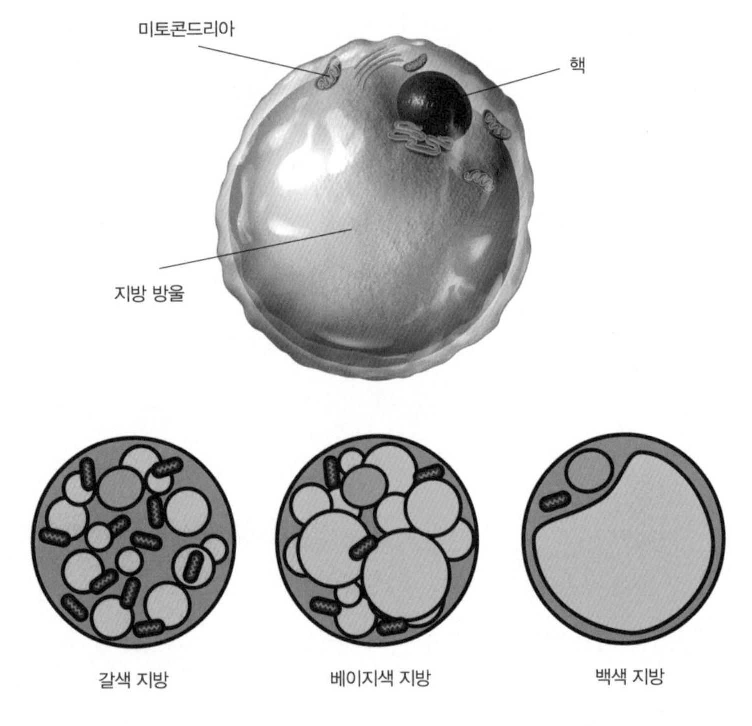

갈색 지방에는 에너지를 연소하는 미토콘드리아가 많이 분포되어 있다. 베이지색 지방을 활성화하면 갈색 지방과 같은 일을 하게 할 수 있다.

라고 할 수 있다. 미토콘드리아가 많을수록 더 많은 에너지를 사용해 열을 생성하게 된다. 그러므로 베이지색 지방을 활성화시키면 갈색 지방과 같은 효과를 낼 수 있게 된다. 그래서 운동이 중요하다. 우리가 운동할 때 근육에서 지방을 태우는 역할을 하는 '아이리신Irisin'이라는 호르몬을 만들어내는데, 이것이 혈관을 타고 이동하여 베이지색 지방을 활성화시키기 때문이다.

베이지색 지방은 칼로리를 소모시키는 지방이어서 다이어트를 하는 이들이라면 관심이 생기기 마련이다. 베이지색 지방을 활성화하려면 짧은 고강도 운동보다는 장시간 저강도 운동을 하는 편이 좋다.

겨울은 베이지색 지방을 활성화할 수 있는 적합한 계절이다. 몸을 차게 하면 미토콘드리아가 증가하면서 베이지색 지방이 증가하게 된다. 그러므로 겨울철 아침 서늘한 실내에서 맨몸운동을 하거나 실내 자전거 타기 혹은 계단 오르기 등을 하면 좋다. 겨울철 야외에서 가볍게 조깅을 하는 것도 베이지색 지방 활성화에 도움이 된다.

현대인들은 인공적인 빛을 많이 쬐기 때문에 갈색 지방이 줄어든다고 한다. 네덜란드 레이든대학교 의대 연구팀은 인공조명 노출과 갈색 지방 활성도의 상관관계를 확인하는 실험을 통해 똑같은 양의 먹이를 먹은 생쥐 중에서 인공조명에 많이 노출

일부 전문가는 고지방 음식 섭취보다도 인공조명에 노출되는 것이 건강에 더 심각할 수 있다고 주장한다. 인간은 인공조명으로 24시간 일하는 문명을 만들어냈지만 인공 빛이 생체시계를 망가뜨려 몸의 균형에 지장을 초래할 수 있다는 사실을 망각한 채 살아간다.

된 생쥐가 더 많은 지방을 축적한다는 사실을 알아냈다. 이 연구 결과는 미국 국립과학원 회보인 《PNASProceedings of the National Academy of Sciences》에 소개되기도 했다.

연구팀은 야근이나 회식 등을 통해 인공적인 빛을 상대적으로 더 많이 쬐는 사람들이 일반인보다 뚱뚱하거나 비만 관련 질환이 많다고 밝혔다. 인공조명이 수면 호르몬인 멜라토닌 분비를 억제하여 지방대사나 당대사를 방해한다는 사실은 널리 알려져 있다.

겨울잠과 소변 볼 때 몸을 떠는 행동의 공통점은?

대놓고 말하기는 창피하지만, 소변을 본 뒤 무심결에 몸을 부르르 떨어본 경험이 있을 것이다. 강아지도 영역표시를 위해 소변을 본 뒤에 몸을 떨기도 한다. 왜 그럴까? 소변이 몸 밖으로 배출될 때 그 양만큼 몸의 열을 가지고 나와 체온이 순간적으로 1℃ 정도 떨어지기 때문이다.

사람은 몸을 부르르 떠는 행동으로 열을 만들어 떨어진 체온을 올린다. 이처럼 체온을 가진 사람과 동물들은 체온을 유지하는 일이 매우 중요하다. 사람이건 동물이건 날씨가 영하로 내려가는 겨울에는 체온 유지가 생사를 가르기도 한다.

동물들이 체온을 유지하기 위해, 다시 말해 생명을 유지하기 위해 추운 겨울에 선택하는 방법 중 하나는 '겨울잠'이다. 겨울이면 날씨가 추워 먹잇감을 구하기 어렵다. 겨우내 먹이를 찾을 수 없는 동물들이 사용하는 에너지를 최소화하기 위해 겨울잠을 선택한다.

겨울잠을 자는 동물은 크게 두 종류로 나눌 수 있다. 스스로 체온을 조절할 수 있느냐 없느냐에 따라 정온定溫동물과 변온變溫동물로 구분된다. 온혈溫血동물 또는 항온恒溫동물이라고도 하는 정온동물은 외부 온도와 상관없이 일정한 체온을 유지하는 동물이다. 곰, 다람쥐, 너구리, 고슴도치 등이 정온동물에 속한다.

변온동물은 외부 온도에 따라 체온이 변하는 동물이다. 개구리, 뱀 등이 대표적인 변온동물에 속한다. 변온동물에게 겨울잠은 필수다. 체온이 0℃ 이하로 내려가면 얼어 죽을 수 있기 때문에 변온동물은 날씨가 따뜻해지는 봄이 될 때까지 죽은 듯이 겨울잠을 잔다. 호흡이나 심장박동이 거의 없는 상태로 지낸다고 볼 수 있다.

반면 정온동물의 겨울잠은 변온동물에 비하면 얕은 잠이라고 할 수 있다. 정온동물은 체온 유지를 위한 기초대사량이 높은 만큼 에너지를 만들기 위해 겨울잠을 자기 전에 먹이를 충분히 먹고, 자는 동안 최소한의 호흡과 심장박동만 한다.

동물들의 겨울잠은 평소의 잠과 달리 혼수 상태에 빠진 것과 비슷하다. 이 때문에 겨울잠에서 깨어난 뒤에는 일정한 휴식 시간이 필요하다.

겨울잠을 자는 대표적인 동물은 곰이다. 정온동물인 곰은 나무나 바위로 된 구덩이에서 얕은 수면 상태로 가을에 저장한 지방을 소모하면서 겨울을 난다. 곰의 목표는 겨울 동안 움직임을 최소화해 에너지 소모를 줄이는 것이다.

다람쥐의 경우 가을에 먹이를 한껏 먹어 지방층을 늘려 살을 찌운 후 두꺼운 낙엽이나 땅속 보온이 잘되는 곳에 보금자리를 마련하고 잠을 잔다. 평소 다람쥐가 활동할 때 심장 박동수는 1분에 150회 정도인데, 겨울잠을 잘 때는 1분에 5회 정도로 대폭 줄어든다.

곰과 마찬가지로 다람쥐 등 정온동물들은 겨울잠을 자다가도 가끔 깨어나 보금자리에 저장해둔 먹이를 먹기도 한다. 그러나 개구리나 뱀 등 변온동물은 몸의 기능을 거의 정지시킨 상태에서 잠을 잔다. 개구리의 경우 몸속에 파이브리노젠fibrinogen이라는 부동액 같은 성분이 있어 몸이 얼지 않고 최소한의 생명을 유지할 수 있다.

겨울잠을 자지 않는 동물들은 호랑이, 사슴, 여우, 토끼, 청설모 등이다. 호랑이나 사슴, 여우 등은 겨울을 앞두고 털갈이를 하며 털이 많아져 추위에 잘 견딜 수 있다. 토끼 역시 겨울이면 털

동물이 겨울잠을 자는 이유는 체온 유지, 먹이와 깊은 관계가 있다.

이 흰색으로 변하면서 많이 나 겨울을 나기에 큰 어려움이 없다. 청설모는 가을에 도토리 같은 먹이를 많이 저장해두고 겨울철 식량으로 쓰기 때문에 겨울에도 크게 문제가 없다고 한다.

1년 내내 먹이가 충분한 열대지방에 사는 동물들과 항상 먹이를 먹을 수 있는 동물원의 곰 등은 겨울잠을 자지 않아도 된다.

동물들이 겨울이 오면 겨울잠을 자도록 유도하는 메커니즘은 무엇일까? 겨울잠을 자는 동물의 혈액 속에는 '동면 유도 촉진제 HIT, Hibernation Induction Trigger'라고 불리는 단백질이 있다. 낮이 짧아지고 온도가 변하며 먹을 것이 귀해지면, 이 HIT가 동면을 촉발한다.

또 HIT와 다른 종류의 단백질로 '겨울잠 특이적 단백질HP, Hibernation Protein'이 있다. HP를 지닌 몇몇 동물의 경우 겨울잠을 자지 않는 상태에서 혈액 속에 HP가 1mℓ당 60~70μg 정도 존재한다면, 겨울잠을 자는 동안에는 평상시의 10~20분의 1 정도로 감소하고, 반대로 혈중 HP량이 원래 상태로 늘어나면 겨울잠에서 깨어난다.

동물의 뇌에서 분비되는 '엔케팔린enkephalin'이라는 호르몬도 동면을 유도하는 것으로 알려졌다. 과학자들은 HIT, HP, 엔케팔린 등의 성분을 이용해 사람의 '인공동면'을 연구하고 있다.

환자의 체온을 18도까지 낮추면 두뇌 활동이 정지되고 피의 흐름이 멎는데, 인공동면을 유도해 이 상태에서 저체온 수술을 할 수 있다면 피를 한 방울도 흘리지 않고 장기이식, 외과수술을 할 수 있다. 암 치료에도 활용이 가능하다. 항암치료 전에 정상세포를 동면시켜 활동하는 암세포만 집중 공격해 치료하는 등 다방면으로 활용할 수 있기 때문이다.

아직까지도 동물의 겨울잠에 대한 비밀은 완전히 밝혀지지 않았다. 겨울잠의 비밀이 차츰 밝혀져 인간의 질병을 치료하는 데 큰 도움이 되면 좋겠다.

HEALTH 24

따뜻한 겨울 보내려면 목과 발을 지켜라

온몸이 으슬으슬할 때는 추위와 싸워 이기려 하지 말고, 추위가 느껴지는 부분을 따뜻하게 감싸는 것이 바람직한 행동이다. 추위가 닥치면 저체온증이나 동상, 동찰 등 추위가 직접적인 원인이 되는 한랭질환으로 인명 피해가 발생하기도 한다.

질병관리본부에 따르면 2018년 12월 1일부터 2019년 2월 28일까지 한랭질환 응급실 감시 체계를 가동한 결과, 한랭질환자 수는 404명이었고 이 가운데 10명이 숨졌다. 한랭질환자는 65세 이상 노년층이 전체 환자의 44%인 177명으로 가장 많았다.

추운 곳에서 장시간 야외 활동을 하거나 나이가 많은 사람, 당뇨 합병증 환자들은 추위에 각별히 대비해야 한다. 추위로 체온이 낮아지면 우리 몸은 에너지대사량이 줄어든다. 피부 온도가 낮아지면 이를 감지한 뇌의 시상하부가 빨리 열에너지를 만들라고 신체에 명령을 내린다. 피부 온도가 민감하게 반응할수록 시상하부는 정보 확보와 처리 등이 빨라진다.

그런데 근육량이 감소한 노인들은 피부를 통한 정보전달 체계가 원활하지 못하고 열에너지를 생성하기 위한 신체 활동도 느릴 수밖에 없다. 당뇨 합병증 환자들도 겨울에 인슐린 저항성과 당화혈색소의 범위가 높아 더위보다 추위로 인한 사망률이 7배나 더 높아진다.

겨울철에 목도리를 두르고 두꺼운 양말을 신는 것, 이 작은 행위가 우리의 건강을 지키는 중요한 대비책이 될 수 있다.

이처럼 추위는 '혈관 질환'을 일으키는 주요 변수가 된다. 우리 몸은 추위에 노출되면 몸을 보호하기 위해 교감신경, 즉 흥분신경을 촉진시킨다. 그러면 혈관이 수축하면서 맥박이 빨라지게 된다. 이 과정에서 심장에 부하가 발생하고, 말초혈관 저항성이 높아져 혈압도 오른다.

동시에 혈액의 점성이 증가해 혈액이 끈적끈적해지면서 혈전이 만들어지는데 이 혈전이 좁아진 혈관을 막으면서 문제가 생기는 것이다. 혈전이 심장으로 가는 관상동맥을 막으면 심근경색, 뇌로 가는 혈관을 막아 뇌에 산소가 제때 공급되지 않으면 뇌졸중, 다리로 가는 혈관을 막으면 하지동맥 폐색증이 발생한다.

그러므로 추위로부터 체온을 보호하는 가장 좋은 방법은 목과 발을 지키는 것이다. 주요 동맥이 지나가는 길목이거나 수많은 혈관이 돌아나가는 곳인 목과 발의 혈관을 따뜻하게 보호하는 것이기 때문이다.

목에는 뇌에 혈액을 운송하는 경동맥과 추골동맥이 있다. 이 두 동맥이 지나가는 목을 따뜻하게 해주면 체온을 지킬 수 있다. 여름에 목에 얼음팩을 가져다 대면 시원해지는 것처럼 겨울에는 반대로 목도리 등을 목에 감아 찬 기운이 닿지 않도록 하는 것이 중요하다. 특히 겨울에는 목의 뒷부분보다 앞부분의 경동맥의 보온을 유지해주는 것이 좋다.

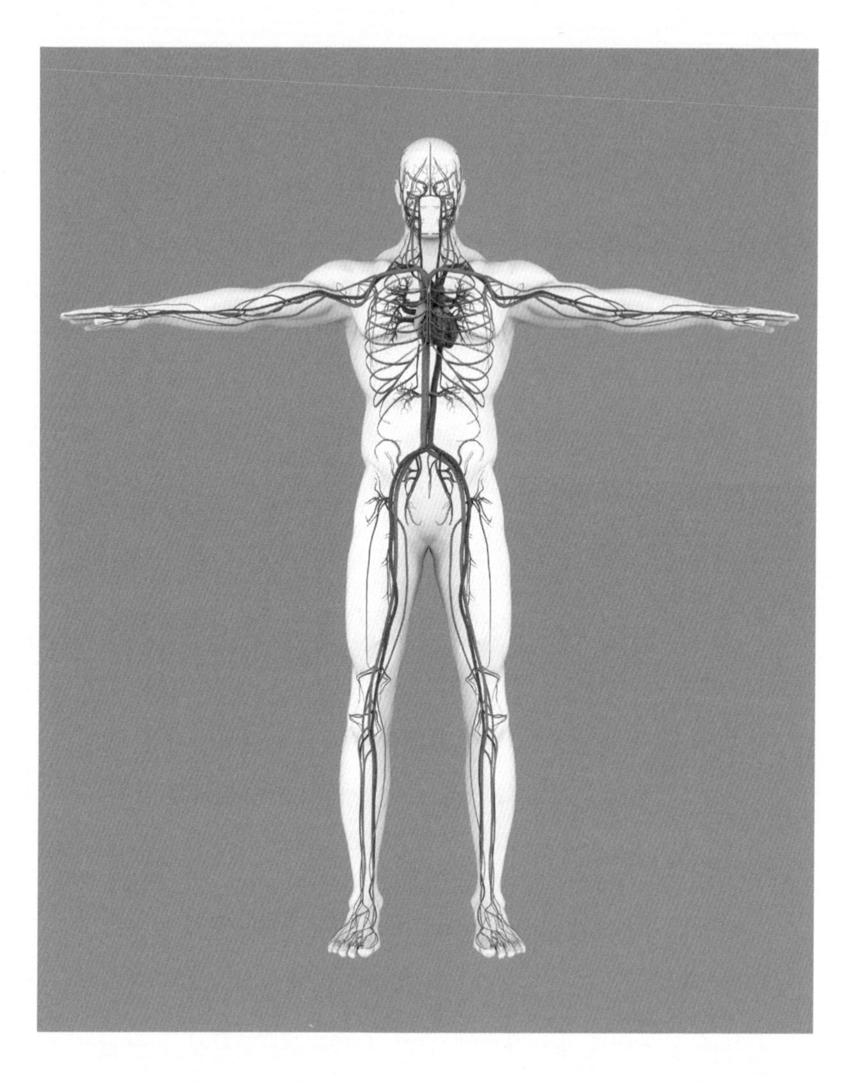

목에서 뇌로 가는 중요한 동맥을 따뜻하게 하면 체온 유지에 도움이 된다. 발은 혈액이 도달하는 끝이 아니라 순환하는 곳이다. 목과 발에는 중요한 동맥 등 혈관이 거미줄처럼 얽혀 있다.

겨울을 따뜻하게 지내기 위해서는 사실 목보다 발을 더 따뜻하게 해줘야 한다. 발은 다른 신체 부위에 비해 소홀히 취급받기 쉽다. 발의 혈관은 발의 체온과 피부, 발톱을 정상적으로 유지하고 발의 조직에 영양분을 공급한다. 발에서 맥박을 느낄 수 있는 부분은 발등 위의 정중앙인 '발등동맥'과 발목 안쪽의 아킬레스 힘줄 앞쪽의 '뒤정강동맥', 이렇게 두 군데다.

동맥은 다른 혈관에 비해 비교적 직경이 크고 혈압이 높아 피가 많이 지나는 곳이고, 피의 양이 많을수록 체온에 끼치는 영향력도 커진다. 따라서 발의 온도가 높아지면 체온도 같이 높아진다. 그러므로 발에서는 다른 혈관보다 발등동맥, 뒤정강동맥을 따뜻하게 해주어야 한다.

사람은 항온동물이므로 체온 유지는 무척 중요하다. 날씨가 추워질수록 체온을 잘 유지해야 한다. 체온이 떨어지면 신체의 면역력도 함께 저하돼 각종 질병에 걸릴 수 있기 때문이다. 그러므로 겨울철에 목도리를 두르고 두꺼운 양말을 신는 것, 이 작은 행위가 우리의 건강을 지키는 중요한 대비책이 될 수 있다.

체감온도의 비밀

언제부터인가 우리나라의 겨울은 '삼한사미'가 되고 말았다. 3일 춥고, 4일 미세먼지가 기승을 부린다는 뜻이다. 삼한사온에 빗대어 만들어진 말인데 요즘은 마치 이 사자성어가 원래부터 있던 말인 것처럼 자연스럽다. 신종 코로나바이러스 감염증(코로나19)의 영향으로 중국발 미세먼지가 줄어든 덕분에 올해는 맑은 하늘을 볼 수 있었다.

따뜻한 날에는 덜하지만 추운 날이면 체감기온을 확인하는 사람이 많다. 요즘은 기상예보에서 체감온도가 몇 도인지, 미세먼지 상태가 어떤지를 항상 함께 알려주기 때문이다.

기온 외 바람이나 습도, 햇볕에 따라 추위나 더위를 느끼는 정도가 달라진다. 체감온도란 그 추위와 더위의 정도를 수치로 나타낸 것이다. 미국의 한 탐험가가 남극을 여섯 번이나 정복하면서 실제 기온보다 훨씬 더 추운 상황에 대해 별도의 온도로 측정해야 할 필요성을 절감했다. 이에 그는 체감온도를 구하는 공식을 만들었고, 그 공식이 차츰 발전해 오늘날 '체감온도 계산표'로 완성되었다.

현재 기상청이 생활기상예보에 활용하는 체감온도지수WCTI, Wind Chill Temperature Index는 2001년 8월 미국과 캐나다 공동연구

체감온도는 미국의 탐험가인 폴 시플Paul A. Siple(1908~1968, 사진 왼쪽)에 의해 제안되었다. 그는 물 수조를 이용하여 일련의 실험을 거듭하며 나름대로 공식을 만들었으나 과학자들의 신뢰를 받지는 못했다. 이후 미국 기상청과 캐나다 국방부가 공동으로 과학적인 연구를 진행하여 현재의 계산식을 만들어냈다.

팀인 JAG/TI Joint Action Group for Temperature Indices가 풍속과 온도의 함수로 만든 체감온도 계산표에 따른 것이다.

구분		풍속(m/s)										
		2	4	6	8	10	12	14	16	18	20	25
기온(℃)	15	15	12	10	8	7	6	6	6	4	4	3
	10	10	6	4	2	0	−1	−1	−2	−3	−4	−5
	5	5	0	−3	−5	−7	−8	−8	−10	−11	−12	−13
	0	0	−5	−9	−12	−14	−16	−16	−17	−19	−20	−21
	−5	−5	−11	−15	−19	−21	−23	−23	−25	−27	−28	−29
	−10	−10	−17	−22	−25	−28	−31	−31	−32	−35	−36	−38
	−15	−15	−23	−28	−32	−35	−38	−40	−40	−43	−44	−46
	−20	−20	−29	−35	−39	−43	−45	−48	−49	−51	−52	−54

체감온도 계산표

$$\text{체감온도(℃)} = 13.12 + 0.6215 \times T - 11.37V^{0.16} + 0.3965V^{0.16} \times T$$

* T: 기온(℃), V: 풍속(km/h)

체감온도 계산식

JAG/TI 모델이라고 하는 이 계산식은 성인 12명의 코와 턱, 이마와 뺨 등 신체 일부분에 온도를 재는 센서를 부착한 뒤 기온과 바람의 속도 등을 달리했을 때 피부의 온도와 열이 얼마나 손실됐는지를 측정한 평균치로 만들어진 것이다. 기온과 풍속, 복사량 등을 종합해 계산하는 만큼 계산 과정이 무척 복잡하다. 직접 계산하기보다는 체감온도 계산표를 활용하면 값을 찾아 기온과 풍속에 따른 체감온도를 쉽게 확인할 수 있다.

예를 들어 현재 기온이 0℃이고, 풍속이 6m/s라면 체감온도는 영하 9℃까지 내려간다. 기온이 영하 10℃이고, 풍속이 10m/s라면 체감온도는 무려 영하 28℃나 된다. 표에서 확인할 수 있듯이 체감온도에 큰 영향을 미치는 요인은 바람이다. 바람의 세기에 따라 기온이 영상이더라도 체감온도는 영하로 떨어질 수 있다.

기상청은 체감온도에 따라 4단계로 나눠 각 단계별 위험을 알리고 있다. 관심(−10℃ 이상), 주의(−25℃~−10℃ 미만), 경고(−45℃~−25℃ 미만), 위험(−45℃ 미만)으로 나누는데, 관심 단계에서는 긴 옷이나 따뜻한 옷을 입어야 하고, 주의 단계에서는 노출된 피부에 찬 기운이 느껴지고 보호장구 없이 장시간 노출되면 저체온증에 걸릴 수 있다.

경고 단계부터는 각별히 주의해야 한다. 10~15분 정도만 대기에 피부가 노출되어도 동상에 걸릴 위험이 있기 때문이다. 마지막 위험 단계에서는 야외활동 자체를 금해야 한다. 피부가 노출되면 바로 얼게 되는 만큼 실내에 머물러야 한다. 영하 20℃에 초속 12m의 강풍이 불 때 체감온도는 영하 45℃가 된다.

우리나라에서 이 정도로 체감온도가 낮아지는 경우는 거의 없다. 그러나 경고 단계만 해도 충분히 위험하다고 할 수 있다.

사람은 바람의 세기, 습도, 햇볕의 세기 등에 따라 덥거나 추운 정도를 다르게 체감한다. 겨울철이라도 바람이 전혀 불지 않는다면 제법 포근한 날씨로 느낄 수 있다. 반대로 여름철이라도 산에서 비바람을 맞는다면 체감온도가 떨어져 동사할 위험성이 있다.

경고 단계 정도가 아니라면 적절한 야외활동은 필수적이다. 추위가 지속되면 대부분 밖으로 나가지 않으려 하는데, 관심·주의 단계에서는 햇볕을 쬐면서 가벼운 운동을 하는 것이 건강에 도움이 된다.

그렇다고 가끔 TV에 나오는 국군 장병들의 알통구보 모습이나 한겨울 전투수영 장면을 보고 대비 없이 따라해서는 안 된다. 특히 혈관계 질환이 있는 사람들이 갑자기 추위에 피부를 노출시키면 위험하다. 국군 장병들도 매일 알통구보나 전투수영을 하지는 않는다. 적절한 기온, 신체가 견딜 수 있는 범위에서 일종의 정신수양 개념으로 시도하는 것이다.

시베리아 벌판의 도시 러시아의 야쿠츠크에는 22만여 명이 살고 있는데 이 도시의 최저기온은 영하 64.4℃, 1월 평균기온이 영하 43℃라고 한다. 1월에 외출하면 콧물이 얼어 고드름처럼 매달릴 정도지만 이곳 주민들은 생활하는 데 큰 불편을 느끼지 않는다.

야쿠츠크처럼 엄청나게 추운 곳에 거주하는 사람들에게는 체감온도가 아닌 '엄한지수'를 별도로 알려준다. 나라, 도시마다 기후나 생활습관에 따라 체감온도를 다르게 계산하는 것이다. 우리나라의 위험 단계는 야쿠츠크 주민들에게는 자연스러운 일상이다.

PART 2

팬데믹 시대에 삶을 지키는 1분 의료 읽기

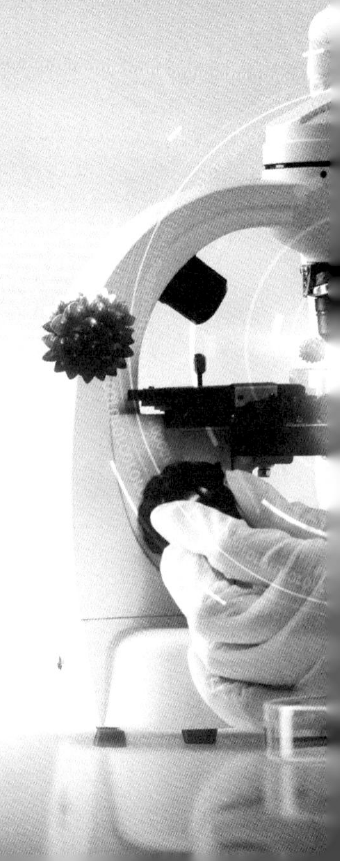

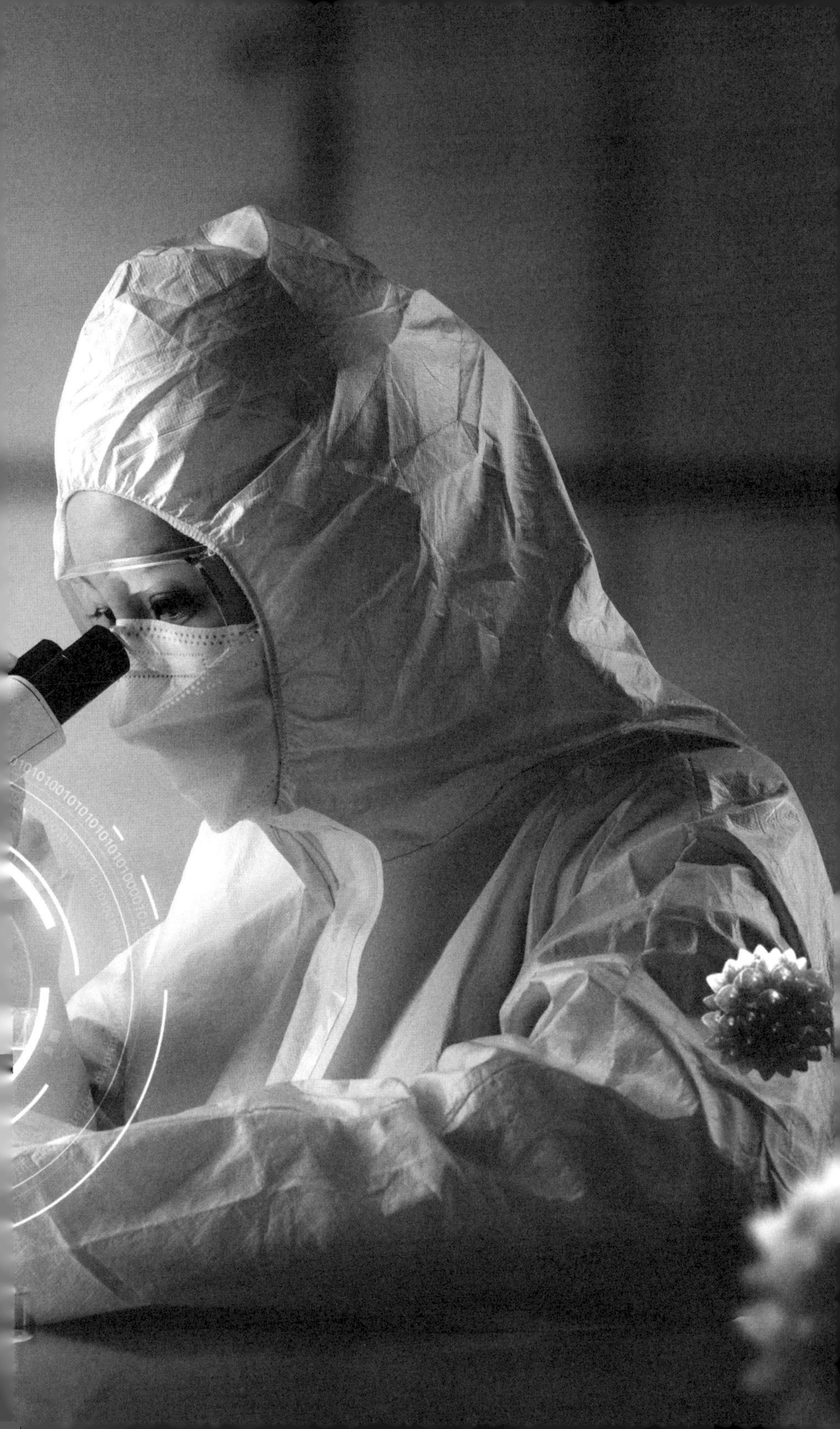

MEDICAL
01

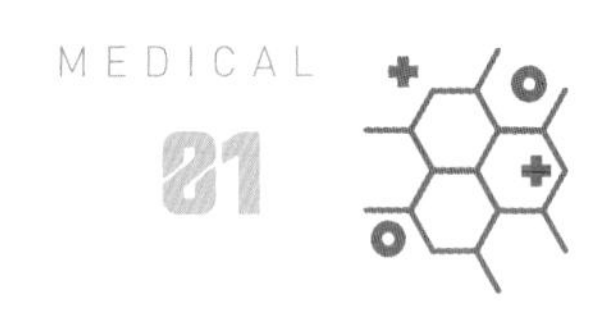

코로나는 바이러스, 콜레라는 세균

신종 코로나바이러스 감염증(코로나19)의 세계적 대유행(팬데믹)으로 2020년 5월 16일 현재 확진자가 450만 명에 달하고 사망자가 30만 명 이상 발생하는 등 그 기세가 좀처럼 수그러들지 않고 있다. 코로나19는 우리의 일상을 많이 바꿔놓았다. 우리나라에서도 '마스크 대란'이 발생한 바 있고, 이전보다 항균 기능이 있는 스프레이 종류가 많이 팔리고 있는 것도 달라진 풍경이다. 이른바 '항균 99.9%'라는 홍보 문구가 표기된 제품이 인기를 끌고 있다.

그런데 한 가지 주목해야 할 점이 있으니, 바로 '항균'이라는 단어다. 항균의 의미는 '세균Bacteria'에 저항하거나 세균을 없앤다는 말이다. 이 때문에 '항균 99.9%'라는 홍보 문구의 뜻을 보통의 소비자들은 '세균을 99.9% 없애준다'라는 의미로 받아들이고 있다. 하지만 코로나19의 원인은 '바이러스Virus'다. 항균 제품이 바이러스 제거에도 효과가 있을까? 결론부터 얘기하자면 효과는 있다. 다만, 세균과 바이러스가 서로 다른 존재라는 점을 알아야 한다.

세균과 바이러스를 구분하는 가장 큰 기준은 '생물이냐 아니냐'다. 세균은 일반적으로 생물에 속한다. 생물은 몇 가지 특징

코로나19는 SARS-CoV-2 감염에 의한 호흡기 증후군이다. 질병 분류상 제1급감염병 신종감염병증후군이며 질병 코드는 U07.1이다. 코로나19는 현재까지는 침이나 재채기를 할 때 생긴 비말(침방울)과 접촉을 통해 전파되는 것으로 알려져 있다. 코로나19 바이러스에 오염된 물건을 접촉한 뒤 눈, 코, 입을 만지는 것으로 감염될 수도 있으므로 주의해야 한다.

이 있다. 스스로 자손을 만들어낼 수 있는지, 양분을 먹고 소화하고 에너지를 만들어낼 수 있는지, 그리고 외부의 환경에 반응하고 진화를 하는 등의 조건을 만족해야 한다. 세균은 이런 조건을 만족하기 때문에 생물이다.

반면 바이러스는 스스로 자손을 만들어내지는 못한다. 다른 생물의 양분을 이용해야만 자손을 만들어낼 수 있다. 그러면서도 양분을 먹고 소화하고 에너지를 만들며, 외부에 반응하고 진화도 한다. 그래서 바이러스는 생물도 무생물도 아닌 중간 단계의 존재로 분류된다.

세균은 유전물질인 DNA와 RNA를 모두 가지고 있어 스스로 번식해 자손을 만들 수 있다. 반면 바이러스는 DNA나 RNA 중 하나만 가지고 있어 스스로 번식할 수 없다. 이 때문에 바이러스는 번식을 위해 다른 생물의 세포, 즉 숙주 세포를 이용하는 것이다.

바이러스가 숙주 세포 안으로 들어가면 DNA나 RNA를 감싸고 있던 단백질의 껍질이 분해돼 자신에게 없는 DNA나 RNA를 이용할 수 있게 된다. 이때 바이러스는 자신을 복제해 새로운 바이러스를 만들어낸다. 그렇다면 '변종變種 바이러스'는 어떻게 만들어지는 것일까?

변종 바이러스는 바이러스가 숙주 세포 안에 침투해 자신을 복제하는 과정에서 문제가 생긴 것이다. 바이러스는 숙주 세포 안으로 들어가 숙주 세포로 하여금 자신의 유전자를 만들게 하는데, 이 과정에서 숙주 세포가 착각을 해 원래 바이러스와는 조금 다른 바이러스를 만들어내는 것이다. 그래서 변종 바이러스가 된다.

이번에 전 세계적으로 엄청난 파문을 일으킨 코로나19의 원인은 감기를 일으키는 평범한 코로나바이러스의 변종이다. 뾰족한 돌기로 뒤덮인 광환光環, corona 모양의 껍질 속에 3만 473개의 염기로 구성된 RNA가 들어 있다. 염기서열이 사스 바이러스와 79.5%나 닮았고, 박쥐에 기생하는 코로나바이러스와 96%나 일치한다. 박쥐에 기생하는 코로나바이러스가 다른 바이러스와 재조합되는 과정에서 새로운 변종이 된 것으로 알려졌다.

바이러스는 세균보다 10~100배 정도 작다. 보통 세균의 크기는 0.000001m 정도다. 이 정도면 머리카락 굵기의 100분의 1 정도라고 할 수 있는데, 바이러스는 이보다 훨씬 더 작다. 어떤 종류는 세균보다 1000배나 작은 것도 있다고 한다. 평범한 현미경으로는 잘 보이지 않아서 전자현미경으로만 볼 수 있다.

우리가 잘 알고 있는 유명한 감염병 중 하나는 흑사병(페스트)이다. 14세기 유럽 인구의 3분의 1을 죽인 무서운 병이다. 이 병은 바이러스가 아닌 세균, 즉 페스트균에 의한 감염병이었다. 결

다양한 바이러스

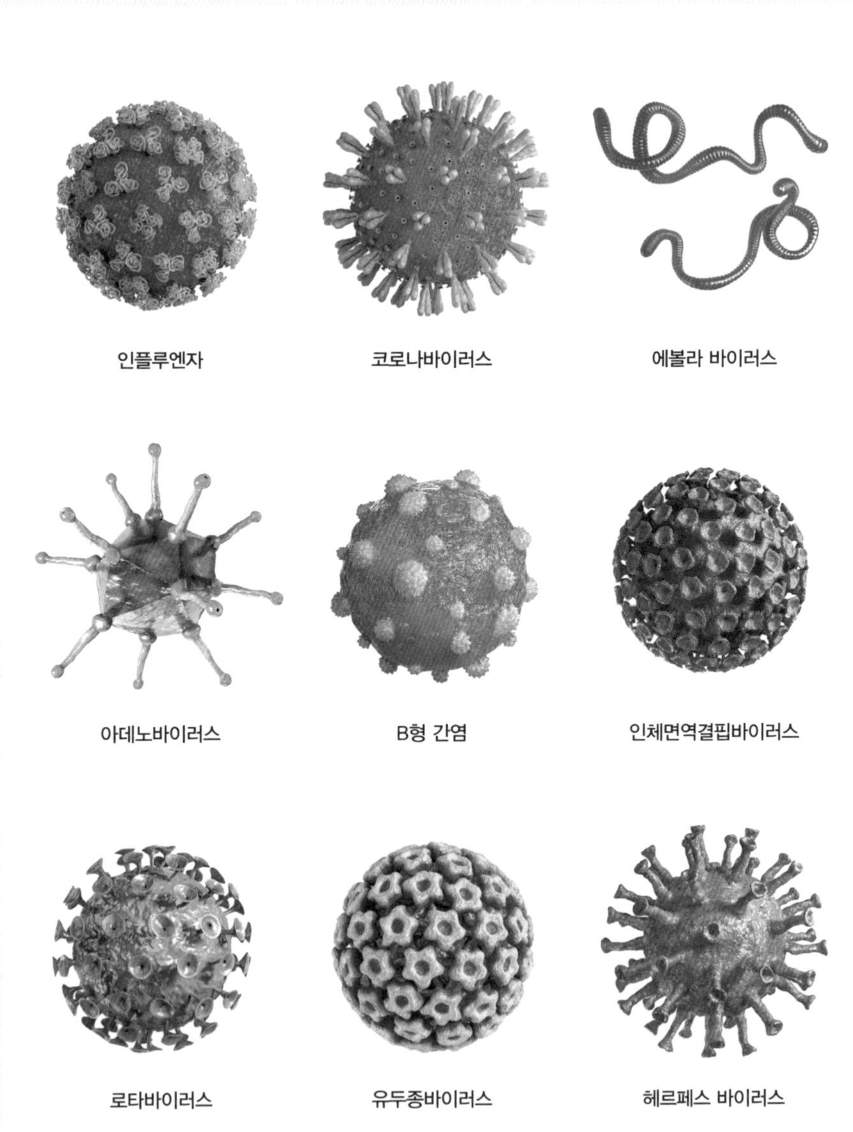

인플루엔자
코로나바이러스
에볼라 바이러스
아데노바이러스
B형 간염
인체면역결핍바이러스
로타바이러스
유두종바이러스
헤르페스 바이러스

핵과 콜레라도 결핵균과 콜레라균이라는 세균에 의한 감염병이다. 이와 달리 천연두는 두창 바이러스에 의한 감염병이다. 2003년의 중증급성호흡기증후군(사스), 2009년의 신종 인플루엔자, 2012년 중동호흡기증후군(메르스) 등은 모두 바이러스에 의한 감염병이다.

바이러스가 변이하지 않으면 질병 치료는 문제가 없겠지만, 의학계에서는 매번 변종 바이러스에 저항할 수 있는 백신을 새로 만들어내는 것이 숙제다. 바이러스로 인한 감염병은 감염성이 높으면 치사율이 낮고, 치사율이 높으면 감염성이 낮은 경향이 있다. 바이러스가 널리 퍼지려면 숙주가 오래 생존하면서 많은 사람들과 접촉해야 한다. 독성이 강하면 숙주가 빨리 죽어 바이러스가 더 이상 퍼져나가지 못하기 때문이다.

세균의 경우 항생제로 세균의 세포벽을 파괴해 죽이거나, 유전물질이나 단백질을 합성하지 못하도록 해 번식을 억제해 질병을 치료한다. 반면 바이러스는 세균처럼 세포로 구성돼 있지 않아 항생제로 치료할 수 없다. 항바이러스제를 사용해 증식을 억제하거나, 항바이러스제가 없을 경우 적절한 휴식을 통해 면역력을 높여 스스로 바이러스를 이겨내도록 하는 방식으로 치료한다. 바이러스로 인한 질병에 걸릴 경우 노약자나 어린이들의 사망자가 많은 이유도 이 때문이다.

MEDICAL

동물과 사람이 같은 바이러스에 감염된 이유

코로나19는 박쥐가 사람에게 바이러스를 옮긴 것으로 알려졌다. 박쥐는 21세기 들어 유행했던 대형 감염병의 주요 숙주이기도 하다. 2002년 유행했던 사스는 박쥐와 접촉한 사향고양이나 닭을 통해 인간에게 바이러스가 옮겨졌고, 2012년의 메르스도 박쥐가 낙타에게 옮긴 바이러스를 인간이 낙타를 타면서 감염되어 유행시킨 것이다. 2009년 신종플루는 돼지가 인간에게 바이러스를 옮긴 것이다. 그 외에도 많은 감염병이 동물을 통해 인간에게 옮겨진 것들이다.

이처럼 동물에게서 시작된 바이러스가 인간에게까지 감염되는 질병을 '인수 공통 감염병'이라고 한다. 바이러스는 완전한 생물이 아닌, 생물과 무생물의 중간 단계의 존재다. 그래서 증식하기 위해서는 숙주가 반드시 필요하다. 숙주의 복제 시스템을 이용해 바이러스는 자신의 유전체를 복제한다.

인간의 독감 바이러스의 경우 재채기를 통해 체액과 접촉하거나 애완동물, 식물, 음식물 등을 통해 전파된다. 그러나 동물과 인간의 경우는 유전적 차이가 크기 때문에 감염되지 않는 것이 보통이다. 쉽게 말하면, 바이러스가 변이되더라도 병원성이 약해지는 방향으로 변이가 되어왔기 때문이다.

그런데 최근에는 환경이 변화하면서 병원성이 강해지는 방향으로 변이해 상황이 심각해진 것이다. 바이러스는 주로 새로운 숙주로 옮겨가는 과정에서 적응을 위해 변이를 일으키는데, 변이된 유전물질은 새로운 세포막 단백질을 생성하게 된다. 이 과정에서 다른 숙주에 감염성을 가지게 되는데, 감염된 숙주의 환경에 따라 새롭고 강력한 병원체가 될 수 있다.

다시 말하면, 동물에서 시작된 인수 공통 감염병은 동물에서 인체로 계속 숙주를 바꿔가면서 살아남을 수 있을 뿐 아니라 유전자 돌연변이가 많아 박멸하기가 어렵다. 예전과 달리 요즘은 동물에서 인체로 옮겨오면서 강력한 병원성을 가진 바이러스로 진화한다는 의미다.

사스는 발병한 지 18년이 됐지만 아직까지 뚝부러지는 백신

바이러스 4종 비교

	사스	신종플루	메르스	신종 코로나
최초 발생	2002년 11월 중국 광동성	2009년 3월 미국 샌디에이고	2012년 4월 사우디아라비아	2019년 12월 중국
발생 지역	중국, 홍콩 등 아시아 32개국	전 세계	중동, 아시아(한국)	중국, 한국 등 185개국
바이러스	사스 코로나 바이러스 (SARS-CoV)	돼지에서 발생하는 A형 인플루엔자 바이러스 중 'H1N1'형	메르스 코로나 바이러스 (MERS-CoV)	신종 코로나바이러스 SARS-CoV-2
감염 매개	박쥐, 사향고양이	돼지	박쥐, 낙타	박쥐 등 야생동물
유행 시기	2002년 11월~ 2003년 7월	2009년 4월~ 2010년 8월	2012년 4월~ 2015년 12월	2019년 12월~ 2020년 5월 16일 현재
잠복기	2~7일	2~7일	2~14일	2~14일(추정)
세계 감염자 수	8096명	163만 2258명	1167명	457만 6243명 * 2020년 5월 17일 기준
세계 사망자 (치사율)	777명(약 10%)	1만 9633명(약 1%)	479명(41%)	31만 616명 * 2020년 5월 17일 기준
국내 감염자	4명	10만 7939명	186명	1만 1050명 * 2020년 5월 17일 기준
국내 사망자 (치사율)	없음	260명(약 0.24%)	38명(20.4%)	262명 * 2020년 5월 17일 기준
주요증상	고열, 기침, 호흡곤란 등 폐렴과 유사	독감 증상, 고열, 근육통, 구토, 설사	고열, 기침, 호흡곤란 등 호흡기 증상	발열, 기침, 인후통 등 호흡기 증상
환자 특징	사망자 중 50% 이상이 65세 이상	대부분이 초중고교생, 40세 이상은 극히 드묾	평균나이는 54.9세, 40~50대가 많음	고연령층과 기저질환이 있는 사람이 취약함
증상후 사망까지	23.7일	-	11.5일	-
치료제	없음	로슈(사)-타미플루 GSK(사)-리렌자	없음	전 세계에서 치료제, 백신 개발에 힘을 쏟고 있음
국내 초동대처	첫 환자 발생 후 3일 만에 긴급장관회의 및 초동 대처	첫 환자 발생 후 바로 중앙인플루엔자대책 본부 수립했으나 이후 백신 및 치료제 확보가 늦음	첫 환자 발생 후 2주 후 긴급회의 및 대처	첫 환자 발생 당일 중앙방역대책본부와 지자체 대책반, 24시간 비상방역체계 가동

자료: 질병관리본부, 감염자 수는 확진자 기준

을 개발하지 못한 상황이다. 박쥐, 낙타를 거쳐 인간에게 감염되는 메르스 바이러스와 모기를 통해 인간에게 감염되는 지카 바이러스도 여전히 백신을 개발하고 있는 상태다. 최근 들어 이렇게 인수 공통 감염병이 크게 증가하는 이유는 무엇일까?

과학자들은 가장 큰 원인으로 '지구 온난화'를 꼽는다. 지구가 뜨거워지면서 고온다습한 환경으로 바뀐 곳이 늘어났고, 이로 인해 신종 바이러스가 다수 출현한 것으로 보고 있다. 고온다습한 환경을 좋아하는 모기나 박쥐의 서식지가 예전에 비해 많이 증가했기 때문이다.

야생동물을 풀어놓고 운영하는 체험형 카페의 증가와 야생동물을 식용으로 사용하는 식습관도 감염병 증가를 막지 못하는 구멍 중 하나다. 야생동물 체험형 카페 등은 자칫 야생동물과 사람 사이에 밀접한 접촉을 허용하는 위험한 시설이 될 수도 있다.

야생동물의 분변이 굴러다니는 비위생적인 공간에서 차와 간식을 먹거나, 라쿤 같은 야생동물의 신체를 접촉하며 쓰다듬는 행위 등이 부지기수로 이뤄지고 있다. 이런 동물들이 검역을 거쳐 정상적으로 반입된 것인지도 확인하기 어려운 것이 현실이다.

야생동물의 식용화는 역사적·문화적으로 이어져온 식습관과 연관이 있다. 중국 사람들이 박쥐 등 야생동물을 먹기 시작한 것은 대기근의 영향 때문이라고 한다. 먹을 것이 없어 야생동물

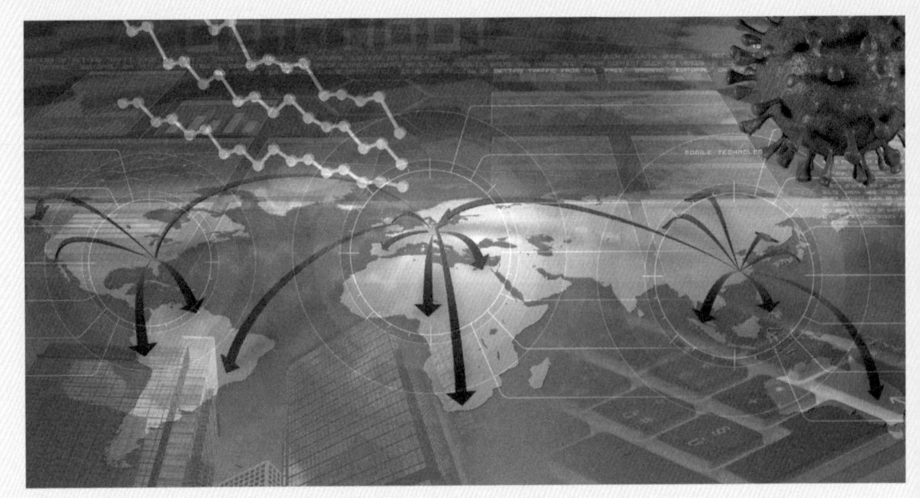

바이러스가 전 세계로 가장 빠르게 퍼져나가는 원인은 항공기와 같은 운송 수단이다. 항공 물류의 발달로 감염병은 예전보다 더욱 빠르게 확산되고 있다.

이라도 잡아먹어야 생존이 가능했던 시절부터 이어져온 식습관이다.

문제는 관리다. 이런 야생동물이 식용으로 빈번하게 유통된다는 사실을 중국 정부가 알고 있었다면, 그 위험성을 검증하고 위생 관리를 보다 철저하게 했어야 했다. 우리나라도 크게 다르지 않다. 알려지지 않은 야생동물을 식용으로 사용한다면, 이미 식용으로 사용 중인 다른 가축들처럼 철저하게 위생 관리를 해야 한다.

인수 공통 감염병을 전 세계로, 가장 빠르게 전파시키는 매개체는 바로 항공기다. 팬데믹을 가능하게 한 선두주자다. 전 세계를 오가는 여행객이 증가하면서 바이러스의 이동 시간이 아주 짧아졌다. 통상 바이러스의 잠복기는 최대 2주 정도인데 2~3일이면 전 세계 어디든 날아갈 수 있게 되면서 감염병이 순식간에 퍼지는 것이다.

요즘은 반려동물과 함께 생활하는 사람이 많다. 반려동물을 통해 감염될 가능성이 높은 질병도 적지 않다. 그러므로 반려동물도 정기적으로 예방접종을 해야 한다. 코로나19의 태풍이 지나간 이후에도 손씻기의 생활화, 반려동물 정기 예방접종은 꼭 지켜야 할 중요한 지침이다.

MEDICAL

03

박쥐보다 못한 인간?

'박쥐 같은 인간'이라는 말이 있다. 줏대 없이 자신의 이익에 따라 여기 붙었다가 저기 붙었다가 하는 사람을 비하할 때 사용하는 말이다. 박쥐의 이미지가 그다지 긍정적이지는 않다.

이런 비유적 표현이 나온 까닭은 박쥐의 특성 때문이다. 박쥐는 날개가 있어 장거리 비행을 할 수 있지만 조류가 아니라 사람과 같은 포유류에 속한다.

조류와 포유류가 서로 싸울 때 육지동물이 강할 때는 자기도 포유류라면서 육지동물 편에 서고, 새들의 힘이 강할 때는 자기도 날개가 있으며 날아다니는 만큼 조류라고 주장하면서 새의 편에 섰다는 전래동화도 있다.

최근 코로나19의 숙주가 박쥐인 것으로 알려지면서 박쥐에 대한 혐오감은 더욱 커졌다. 그런데 박쥐는 코로나19만이 아니라 이전의 여러 감염병의 숙주로도 널리 알려져 있다.

2002년의 사스, 2012년의 메르스, 그리고 그 이전의 에볼라와 니파Nipah 바이러스 감염증도 모두 박쥐가 숙주였다. 사스는 박쥐와 사향고양이나 닭과의 접촉이 원인인 것으로 추정되고 있고, 에볼라는 박쥐와 원숭이, 메르스는 박쥐와 낙타, 뇌염과 비슷한 증상을 보이는 니파는 박쥐와 말, 돼지의 접촉이 인간과의 접촉으로 이어지면서 감염된 것으로 알려졌다.

박쥐는 다양한 바이러스 감염병의 진원지로 알려져 있다.

이쯤 되면 인간에게는 '가축'이라고 할 수 있는 동물을 중간숙주로 삼아 박쥐가 인간들에게 악몽을 떠넘긴 것이라는 상상을 하는 사람도 생길 법하다. 다양한 바이러스 감염병에 박쥐가 공통적으로 등장하고 있으니 말이다. 이는 박쥐가 거의 모든 바이러스의 숙주이면서도 그 자신은 바이러스에 감염되지 않는 놀라운 면역체계를 갖춘 동물이기 때문이다.

박쥐는 척추동물이면서 포유류다. 척추동물의 면역세포에서는 '인터페론interferon'이라는 단백질이 만들어지는데, 이 단백질은 바이러스와 기생충 같은 외부의 침입자들에 맞서 개체를 지키는 역할을 한다. 주로 항바이러스 작용을 하고, 감염된 세포와 인접 세포 사이에 개입해 바이러스 복제를 제한하기도 한다.

인간을 비롯한 다른 동물들은 바이러스에 감염됐을 때 인터페론을 생성하는데, 박쥐는 바이러스에 감염되지 않아도 세포에서 지속적으로 인터페론을 만들어낸다.

박쥐가 바이러스에 강한 또 다른 이유는 장거리 비행 특성 때문이다. 박쥐는 밤에 최대 350km 이상을 비행한다. 이때 엄청난 에너지를 필요로 하기 때문에 신진대사율과 체온이 올라간다. 비행 중 박쥐의 체온은 40℃ 이상으로 올라 바이러스의 정착을 막는다. 자신의 생존 환경에 맞춰 강력한 항바이러스 체계를 갖춘 것이다.

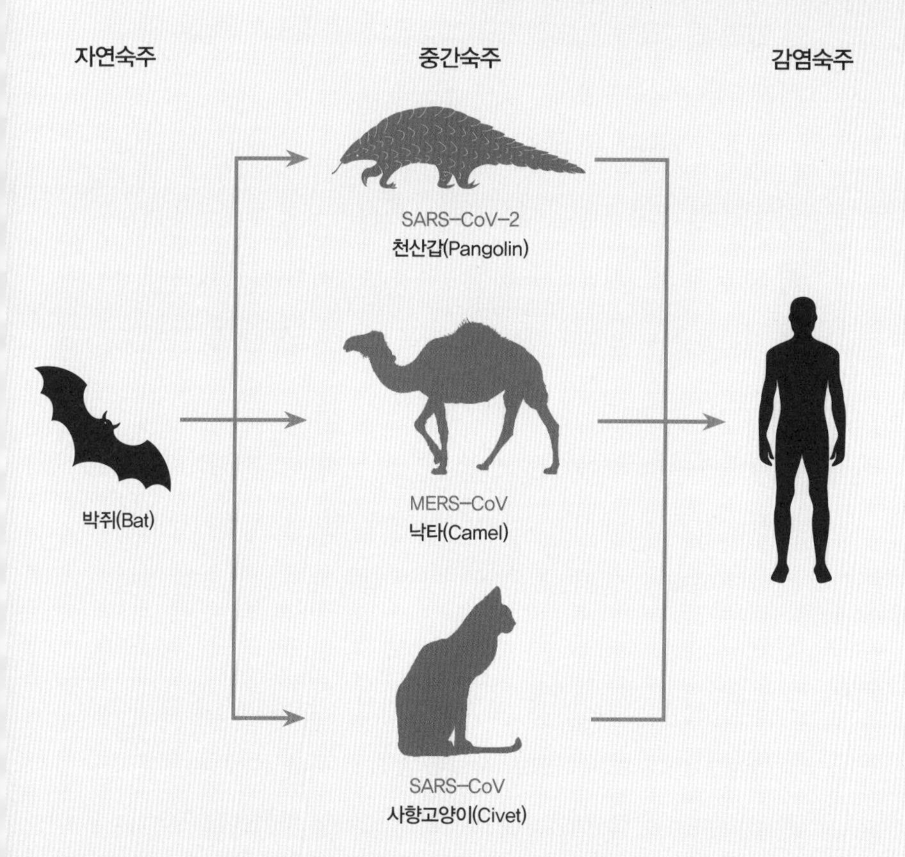

도시화, 산업화로 인해 자연이 훼손되고 박쥐의 서식지가 파괴되면서 박쥐가 사람 가까이, 가축과 접촉할 기회가 늘어났다. 또한 단일 품종의 가축을 공장식 축산시설에서 대량으로 키우는 축산업의 발달은 동물-사람 사이의 바이러스 교차 감염 위험을 높이는 원인 중 하나다.

박쥐는 지구상의 포유류 6000여 종 가운데 20% 정도인 1200여 종이나 존재한다. 이처럼 많은 종이 저마다 다양한 바이러스를 품고서 축축하고 좁은 동굴이나 정글에서 최대 100만 마리까지 무리지어 생활하고 있다. 그러므로 박쥐 한 개체가 바이러스에 감염되면 빠르게 무리로 확산된다.

박쥐는 극지방을 제외한 전 세계에 분포하면서 인간의 가축과 접촉해 그들의 피를 빨거나 그들과 같은 먹이를 노리면서 바이러스를 전파하고 있다.

박쥐가 바이러스 전파자이긴 하지만 지구 생태계에 유익한 역할도 한다. 몇몇 종은 과일을 먹고 과일의 씨앗과 배설물을 비행 중 숲에 퍼뜨리면서 숲을 건강하게 유지시킨다. 동굴에서 사는 박쥐들은 자신들의 배설물로 다른 곤충과 생명체를 먹여 살리기도 한다.

바이러스를 전파시키는 것은 박쥐의 탓이라기보다는 인간이 문제를 만드는 탓이 더 크다. 굳이 박쥐의 영역을 침범해가며 포획해서 약재나 식재료로 삼는 인간의 탐욕이 초래한 결과가 아닐까.

코로나19 감염 검사를 받으면서 신천지 교인임을 감췄다가 뒤늦게 드러나 확진자 급증 사태를 초래한 이들, 코로나19 확진 판정을 받고도 자가격리 방침을 어기고 외출을 강행한 이들 때문에 우리 사회는 비난과 질시의 폭풍 속을 지나기도 했다. 박쥐보다 면역 체계가 약한 인간이 박쥐보다 못한 행동을 하는 이유는 무엇일까?

MEDICAL

04

면역의 역설, 신종 바이러스에 당하는 이유

인간은 일상에서 수많은 병원체를 만난다. 이 병원체는 음식과 접촉, 호흡 등을 통해 인간의 몸속으로 들어오게 된다. 그렇더라도 무조건 병에 걸리지는 않는다. 우리 몸에는 병원체를 방어해 신체를 지켜내는 면역 체계가 있기 때문이다.

면역이란 이물질이나 병원체에 대항해서 인체가 스스로를 방어하고 보호하는 기능이다. 그런데 왜 인간은 새로운 바이러스에 의한 감염에서 벗어나지 못하는 것일까?

앞에서 인간을 비롯한 모든 척추동물이 면역 기능을 가진 '인터페론'이라는 단백질을 생성한다는 점을 살펴봤다. 인간과 대다수의 다른 동물들은 바이러스에 감염됐을 때 인터페론을 생성하지만, 박쥐는 바이러스에 감염되지 않아도 세포에서 지속적으로 인터페론을 만들어낸다.

실제로 박쥐는 감염병을 일으키는 바이러스들의 숙주이면서도, 자신은 바이러스에 감염되지 않는 놀라운 면역 체계를 갖추었다. 하지만 인간과 박쥐의 면역 체계를 직접적인 비교 대상으로 놓을 수는 없다. 사람이 신종 바이러스가 등장할 때마다 감염 확산의 위험에 빠지는 것은 인간의 '항원-항체 반응의 특이성' 때문이다.

인간은 병원체를 방어하기 위해 '백신'을 맞는다. 그런데 우리는 질병의 종류에 따라 제각기 다른 백신으로 감염을 예방한다. 하나의 백신만으로 모든 질병을 예방할 수는 없는 것일까? 하나의 백신은 하나의 질병을 막아준다. 인간 면역의 이런 특성을 항원-항체 반응의 특이성이라고 한다.

항체는 항원을 인식하는 부위를 가지고 있는데 그 부위에 맞는 항원과만 결합할 수 있다. 예를 들면, A형 간염 항체는 A형 간염 바이러스와 결합해 바이러스를 무력화할 수 있지만, 폐렴이나 홍역 등 다른 바이러스와는 결합할 수 없다. 다른 바이러스에는 속수무책이라는 말이다.

질병을 막기 위해서는 예방접종을 통해 백신, 그러니까 독성

면역이 생기는 과정

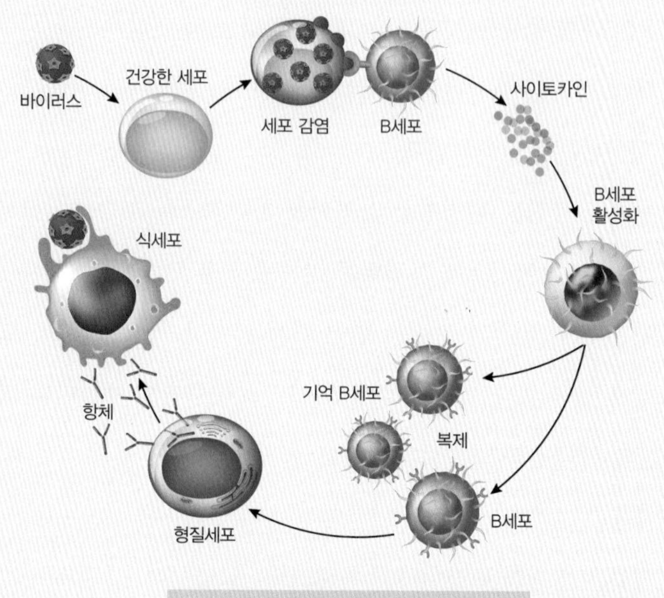

면역이 되지 않았을 때

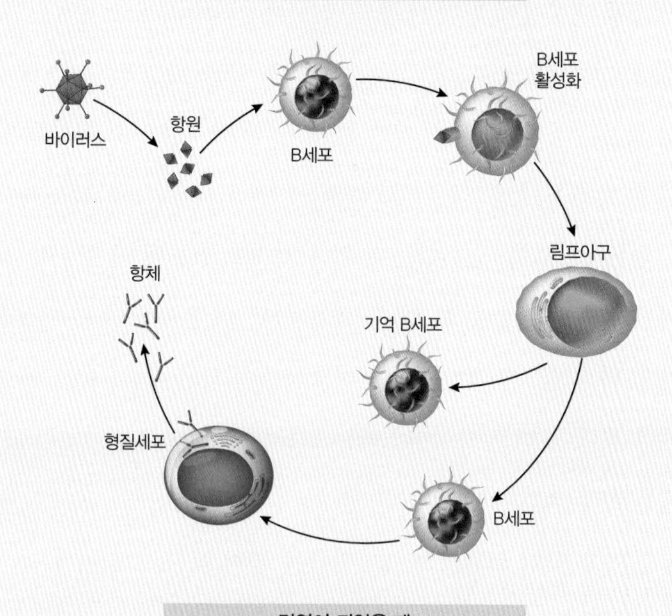

면역이 되었을 때

바이러스가 몸속에 침투해 감염이 되면 B세포가 활성화되어 항체를 형성한다. 이후 B세포는 그 바이러스를 기억했다가 다시 감염되면 즉각 대처한다.

이 없거나 약한 항원을 몸속에 넣어준다. 그러면 감염된 바이러스임을 인식한 백혈구 내의 독성을 가진 T림프구가 이를 공격해 제거한다. 이 과정에서 T림프구는 증식을 하고, 백혈구 내 다른 림프구 중 하나인 B세포가 이 바이러스, 즉 '항원'을 기억하게 된다.

나중에 같은 바이러스가 침범하면 이를 기억하고 있던 B세포가 곧바로 항체를 생성해 대응한다. 한번 걸렸던 질병에 잘 안 걸리는 이유가 이런 면역 체계 때문이다.

그런데 코로나바이러스는 사람과 동물에게서 흔히 나타나는 감기 바이러스 중 하나이면서도 변종이 잘 생겨 B세포의 기억에 없는 항원으로 인식된다. 사스나 메르스 때도 새로운 백신의 필요성을 느꼈던 것처럼, 이번 코로나19 상황에서도 새로운 백신의 필요성이 제기되는 것이다.

단 하나의 백신으로 모든 바이러스를 무력화할 수는 없을까? 이것은 모든 과학자들의 이상향이자 인류의 꿈이 아닐까 싶다. 과학자들이 감염의 위험을 무릅쓰면서 모든 바이러스의 숙주인 박쥐에 대한 연구를 중단하지 않는 것도 이런 이유 때문일 것이다.

MEDICAL

05

예방접종은 아이들이나 받는 것?

코로나19의 세계적 대유행 속에서 감염병 예방을 위한 공중보건의 중요성을 실감하고 있다. 질병 예방의 중요한 대책 중 하나로 '예방접종'이 있다. 그런데 "예방접종은 아이들이나 받는 것"이란 선입견이 여전하다.

질병관리본부 감염병포털의 자료에 따르면, 2019년 1월 국내 홍역 확진자가 40명을 돌파한데 이어 2월과 3월에도 홍역 확진자는 계속 나타났다. 2019년 3월 기준 190명의 의사擬似환자와 100명의 환자가 발생했다. 2018년 말 10명의 의사환자와 16명의 환자가 발생한 것과 비교하면 불과 석 달 만에 10배 이상 환자가 늘어난 셈이다.

질병관리본부 감염병포털(cdc.go.kr/npt)

질병관리본부 예방접종도우미(nip.cdc.go.kr)

질병관리본부 감염병포털과 예방접종도우미는 B형간염, 홍역, 유행성이하선염, 일본뇌염, 수두, 독감 등 각종 예방접종 시기, 방법과 관련하여 다양한 정보를 제공한다.

의사환자는 감염병 병원체가 인체에 침입한 것으로 의심되지만 감염병 환자로 확인되기 전 단계에 있는 사람을 말한다. 그러니까 환자는 확진자를 의미하고, 의사환자는 감염이 의심되는 비슷한 증상을 보이고 있는 환자를 말하는 것이다.

우리나라뿐 아니라 세계적으로도 홍역이 기승이다. 세계보건기구의 통계를 보면, 2018년 전 세계 홍역 발생건수는 22만 9000건을 넘어선 것으로 집계되었다.

문제는 홍역만이 아니라 다른 감염병도 무시할 수 없다는 데 있다. 국내에서 폐렴과 매년 유행하는 독감으로 인한 사망자 수도 높은 비중을 차지한다. 65세 이상 노인이 입원하는 첫 번째 이유가 폐렴이고, 폐렴구균의 치사율은 35%에 이른다. 폐렴구균이 균혈증이나 수막염을 유발하면 각각 60%, 80%가 목숨을 잃는다.

독감의 경우 매년 유행하는 바이러스가 달라 면역력이 떨어진 노인은 사망 확률이 특히 높다. 홍역은 감염자의 절반가량이 20~30대 젊은층이라는 점에 주목해야 한다. 해외여행 때 감염돼 국내로 들어오거나 유학생 등이 주요 감염 경로다.

홍역이나 폐렴, 독감 등은 모두 백신을 맞으면 예방할 수 있다. 홍역의 경우 유행국가를 여행할 계획인 20~30대 성인은 홍역 예방백신MMR을 4주 간격으로 2회 접종해야 한다. 질병관리본부는 최소 1회라도 접종하는 것을 권고한다.

폐렴은 폐렴구균을 접종해야 한다. 65세 이상 노인은 평생 1회, 65세 이전에 접종했다면 이후 5년이 지났을 때 한 번 더 맞아야 한다. 폐렴구균 접종 후에는 일시적인 통증이나 부종 등이 생길 수 있지만 대부분 이틀 이내에 증상이 없어진다.

독감 예방주사는 한 번 맞으면 면역 효과가 6개월 이상 지속된다. 독감은 바이러스가 매년 달라지는 만큼 해마다 새로 접종해야 하는 불편함이 있지만, 면역력이 낮은 노인들은 매년 접종받는 것이 안전하다.

최근에는 자궁경부암 예방접종의 중요성도 부각되고 있다. 자궁경부암은 유방암에 이어 여성에게 두 번째로 흔하게 나타나는 암이다. 과거에는 주로 50세 전후에 발병했는데 최근에는 20~30대에게도 많이 나타나고 있어 반드시 예방접종해야 할 질병 중 하나다.

이 질병의 원인이 사람유두종바이러스HPV로 밝혀지면서 백신도 함께 개발되었다. 이제 간단한 예방접종을 통해 자궁경부암을 예방할 수 있게 되었다. 예방접종은 1~12세 시기에 하면 되는데, 이 시기를 놓친 25~26세 이하 여성이라도 수개월 간격으로 3회 접종받으면 된다.

특히 자궁경부암 예방접종은 남성에게도 필요하다. HPV는 남녀를 가리지 않고 감염되는데 여성에게는 자궁경부암으로, 남

예방접종 분류

국가 예방접종

국가 예방접종은 국가가 권장하는 예방접종으로 국가는 '감염병의 예방 및 관리에 관한 법률'을 통해 예방접종 대상 감염병과 예방접종의 실시기준 및 방법에 관한 권장사항을 정하고 있습니다.

국가 예방접종은 보건소와 의료기관에서 접종 가능합니다.

- 결핵(BCG, 피내접종)
- B형간염(HepB)
- 디프테리아/파상풍/백일해 (DTaP)
- 파상풍/디프테리아(Td)
- 파상풍/디프테리아/백일해 (Tdap)
- 폴리오 (IPV)
- 디프테리아/파상풍/백일해/폴리오 (DTaP-IPV)
- 디프테리아/파상풍/백일해/폴리오/b형 헤모필루스 인플루엔자(DTaP-IPV/Hib)
- b형 헤모필루스 인플루엔자 (Hib)
- 폐렴구균(PCV, PPSV)
- 홍역/유행성이하선염/풍진 (MMR)
- 수두 (VAR)
- A형간염(HepA)
- 일본뇌염 (IJEV, 불활성화 백신)
- 일본뇌염 (LJEV, 약독화 생백신)
- 사람유두종바이러스 (HPV)
- 인플루엔자 (IIV)
- 장티푸스 (ViCPS, 고위험군 대상)
- 신증후군출혈열 (HFRS, 고위험군 대상)

기타 예방접종

기타 예방접종은 국가지원 대상 외에 의료기관에서 받을 수 있는 예방접종입니다.

- 결핵 (BCG, 경피접종)
- 로타바이러스(RV)
- 수막구균(MCV4)
- 대상포진(HZV)

자료: 질병관리본부 예방접종도우미

성에게는 항문암과 두경부암으로 증상이 나타날 수 있다.

예방접종은 우리 몸이 병원체와 효과적으로 싸울 수 있도록 단련시키는 것이다. 인간의 신체는 외부에서 들어온 각종 바이러스나 세균 등에 대응하기 위해 방어물질을 만들어내는 면역체계를 갖추고 있는데, 미리 약한 병원체를 경험하도록 함으로써 대응력을 키워놓는 것이다.

질병관리본부와 대한감염학회 등에 따르면, 우리나라 성인이 예방접종해야 할 질병은 인플루엔자, 폐렴사슬알균, 파상풍-디프테리아, A형 간염, B형 간염, 결핵, 홍역, 사람유두종바이러스, 수막알균 등이다. 우리나라의 초등학교에 입학하는 학생들이라면 의무적으로 디프테리아·파상풍·백일해DTaP, 폴리오polio(소아마비), 홍역·유행성이하선염·풍진MMR, 일본뇌염 백신 등을 예방접종하게 된다.

예방보다 나은 치료는 없다. 과학자들은 예방접종으로 모든 질병을 막을 수 있는 것은 아니지만 질병을 이겨낼 수 있는 최소한의 경쟁력, 즉 면역력을 제공하기 때문에 반드시 필요하다고 강조한다.

질병관리본부 감염병포털과 예방접종도우미 홈페이지를 통해 감염병과 예방접종에 필요한 대부분의 정보를 확인할 수 있으니 꼭 사이트를 찾아들어가 보기 바란다.

MEDICAL

06

비말감염과 기침예절

코로나19는 2019년 12월 12일 최초 보고된 급성 호흡기 증후군으로, 아직 백신이 개발되지 않았다. 갑자기 생겨난 질병일 뿐 아니라 확산 속도가 너무 빨라 2020년 초까지는 질병의 정식명칭도 정해지지 않았다. 이 질병은 유행 초기 중국 '우한'에서 발병한 원인 불명의 급성 폐렴 증상인 것으로 알려지면서 초기에는 '우한폐렴' 등으로 불렸다. 영문판 위키백과에서는 'Wuhan coronavirus'라는 표현을 사용하기도 했다.

세계보건기구에서 정한 병원체의 임시 명칭은 '2019-nCoV (2019년 신종 코로나바이러스)'였다. 우리 정부는 세계보건기구에서 정한 명칭을 그대로 따라 '신종 코로나바이러스 감염증'이라는 명칭을 사용했다. 세계보건기구는 2015년부터 질병의 명칭에 지명을 넣는 것을 피하도록 권고하고 있는데, 이는 '낙인 효과'를 우려하기 때문이다. 그러니 '우한'이란 지명은 되도록 사용하지 않는 편이 바람직하다.

세계보건기구 사무총장은 2020년 2월 11일 신종 코로나에 대한 이름을 'COVID-19'로 결정했다고 밝혔다. 'CO'는 '코로나', 'VI'는 '바이러스', 'D'는 '질병', '19'는 발병 시기인 '2019년'을 뜻한다. 우리 정부는 혼란을 줄이기 위해 2월 12일에 '신종코로나

코로나19의 세계적 대유행은 전 세계 경제에 엄청난 타격을 주었다. 수많은 항공기가 운항을 중단하고 공장들도 가동을 멈췄다. 각종 경제지표는 외환위기가 있었던 약 20년 전 이후 최악의 수준을 기록하고 있다.

바이러스 감염증'으로 정하고 줄여서 '코로나19'라는 한글 공식 명칭을 사용한다고 발표했다.

코로나19는 '비말감염飛沫感染, droplet infection'을 통해 확산된다. 비말감염은 감염자가 기침이나 재채기를 할 때 침 등의 작은 물방울(비말)에 바이러스·세균이 섞여 나와 타인의 입이나 코로 들어가 감염되는 것을 의미한다. 보통 비말은 5μm(1마이크로미터μm는 100만 분의 1m) 이상의 크기다.

일반적으로 기침을 하면 약 3000개의 비말이 전방 2m 내에 분사된다. 비말의 수는 이 정도지만 비말 속 세균 수를 보면 아주 심각하다. 한 연구에 따르면, 기침 한 번에 약 10만 개의 세균이 최고 7.7m를 날아간다고 한다. 재채기의 경우 훨씬 위력적이다. 약 4만 개의 비말이 시속 300km가 넘는 속도로 날아간다.

기침에 의한 비말감염을 피하려면 감염자로부터 최소 2m 이상은 떨어져 있어야 한다. 날이 더워져 에어컨을 가동하면 비말이 공기 중으로 더 확산될 수 있으므로 비말 속 바이러스와 세균이 훨씬 멀리 퍼질 가능성도 있다.

이를 예방하기 위한 주요한 조치는 마스크를 쓰는 것이다. 마스크를 착용하지 않은 상태라면 어떻게 해야 할까? 최근 기침·재채기를 할 때 옷소매로 입과 코를 가리고 해야 한다는 '기침예절' 캠페인이 한창이다. 기침이 나오면 손으로 가리곤 하는데, 이

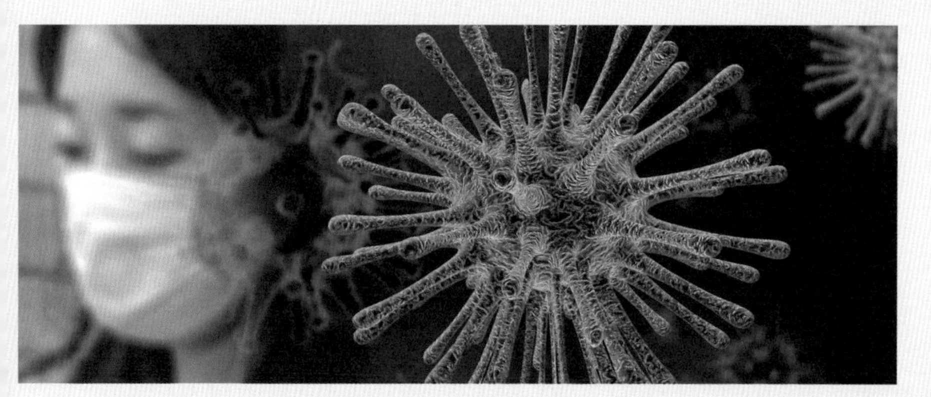

코로나19 감염자는 발열, 권태감, 기침, 호흡 곤란, 폐렴 등 경증에서 중증까지 다양한 호흡기감염증을 보인다. 그 외 가래, 인후통, 두통, 객혈과 오심(울렁거림), 설사 등의 증상을 보이는 환자들도 있다.

경우 손에 묻은 침과 비말 속 바이러스나 세균이 악수로 인한 접촉, 문손잡이 접촉, 공공물품 접촉 등을 통해 다른 사람에게 옮겨질 가능성이 크다. 그러므로 손수건이나 휴지를 꺼낼 여유 없이 기침이 나오는 경우 옷소매로 입과 코를 가리라는 것이다.

그런데 이런 기침예절 캠페인에 대한 반대의 목소리도 있다. 저명 바이러스 연구자인 캐나다의 피터 린 박사는 한 방송과 진행한 인터뷰에서 "수많은 균이 묻어 있는 소매에 기침이나 재채기를 하면 소매에 묻은 균을 들이마시는 꼴"이라면서 "그런 믿음의 근거가 뭔지 모르겠다"라고 주장했다.

린 교수의 주장도 일리는 있다. 그러나 기침이나 재채기를 하기 전 소매와 일정한 거리를 둔다면 균을 들이마시지 않을 수 있다. 국내 한 전문가는 "소매가 타인에게 감염될 확률이 제일 적다"라면서 기침예절에 대해 긍정적인 입장을 밝혔다. 현재 질병관리본부가 주도하는 기침예절 캠페인은 나름 효율적인 방법으로 판단된다.

코로나19는 감염자의 기침·재채기를 통해 분비된 비말을 흡입하거나, 물체에 묻은 침이나 비말 속 바이러스가 다른 사람의 손에 접촉해 옮겨가 감염되는 것이 일반적이다. 바이러스는 금속이나 플라스틱처럼 딱딱하고 매끈한 표면에서 더 오래 살아남고, 섬유 같은 거친 표면에서는 생존 기간이 훨씬 짧다고 한다.

마스크를 쓰거나 기침예절을 지켜야 하는 이유는 자신을 보호하기 위한 것이기도 하지만, 기본적으로 타인에게 감염되는 것을 막기 위한 조치다. 감염자가 쓴 마스크는 타액이 다른 사람에게 튀는 것을 막아준다. 비감염자가 쓴 마스크는 공기 중 비말이 직접 호흡기로 침투하는 것을 막아주며, 세균이나 바이러스가 묻은 손이 입이나 코에 바로 닿지 않도록 해주는 역할을 한다.

마스크가 없을 때 가장 깔끔한 것은 휴지를 사용하는 방법이다. 휴지로 기침·재채기를 막은 뒤 휴지통에 바로 버리면 되기 때문이다. 린 박사는 기침예절의 효율 여부와 상관없이 "바닥을 조심하라"라고 강조했다. "바이러스는 길거리나 버스의 바닥, 회

질병관리본부는 국내 감염자 추가 발생에 대비하고, 지역사회 확산을 예방하기 위해 마스크 착용, 기침예절 준수, 사회적 거리두기 실천 등 국민의 적극적인 동참을 꾸준히 홍보해왔다. 이런 생활지침은 각계각층에서 다양한 방식의 홍보물로 제작되어 확산되고 있다.

사 바닥 등에 잔뜩 있기 때문에 무심코 바닥에 가방을 놓거나 하는 행위는 치명적일 수 있다"라는 것이다.

일상생활 속에서 질병 예방을 위해 우리가 할 수 있는 가장 중요한 행위는 언제나 '손씻기'다. 흐르는 물에 비누로 30초 이상 손을 씻는 일이 모든 질병 예방의 기본이다. 세균이나 바이러스를 접촉한 손으로 입과 코를 만져 감염되는 경우가 많기 때문이다.

코로나19 백신이 개발되지 않은 지금, 손을 자주 씻고, 마스크를 착용하고, 기침예절을 지키는 것이 나와 가족, 동료와 이웃의 건강을 지키는 기본이다.

MEDICAL

07

미세먼지 저감대책, 효과 있을까?

코로나19 때문에 중국, 인도는 물론 세계 각국의 공장이 멈춰서자 대기질이 극적으로 개선되는 역설적 효과가 나타났다. 봄철 심해지는 중국발 미세먼지도 지난해의 10분의 1 수준으로 낮아졌다. 유럽 주요국에서도 사람들의 이동이 금지되자 대기가 맑아졌다는 결과가 속속 보도되었다. 전 세계에서 가장 심각한 공기 질로 악명 높았던 인도의 수도 뉴델리조차 코로나19의 여파로 달라진 모습을 보이기도 했다.

하지만 코로나19 상황이 나아지면 우리는 예전과 같이 미세먼지에 시달리게 될지 모른다. 미세먼지를 줄이기 위한 다양한 대책들이 꾸준히 강구되고 있다. 인공강우로 비를 내려 미세먼지가 씻겨 내려가게 하거나, 공기정화탑을 세우거나, 물을 뿌리는 등의 방법들이 그런 예다. 이렇게 하면 실제로 미세먼지를 줄이는 데 효과가 있을까?

미세먼지가 가장 많이 발생하는 국가 중 하나인 중국은 인공강우 방식을 즐겨 사용한다. 인공강우는 염화칼슘이나 요오드화은을 수분이 많은 구름에 빗방울의 씨앗으로 뿌려 인위적으로 비를 내리게 하는 방식이다.

주로 대공포나 지대공 미사일을 이용하고, 항공기로 직접 구름 속에다 요오드화은을 살포하기도 한다. 요오드화은을 담은

미세먼지는 지름 10μm 크기 이하의 눈에 보이지 않을 정도로 아주 작은 먼지 입자다. 호흡 과정에서 폐에 들어가 폐의 기능을 저하시키고, 면역 기능을 떨어뜨려 각종 질환을 유발한다.

포탄을 구름에 쏴서 살포하는 방식의 경우 성공률이 절반 정도지만, 중국의 인공강우 기술은 세계 최고로 인정받고 있다.

티베트고원의 능선과 높은 산봉우리에 설치된 굴뚝 달린 연소실에서 고체연료를 태워 요오드화은 연기가 구름 속으로 올라가도록 하는 인공강우 장치도 수만 개가 설치돼 있을 정도로 중국은 인공강우를 자주 시도한다. 그러나 높은 성공률을 자랑하는 중국의 발표와 달리 실제 강수량은 적어 미세먼지 저감에 큰 도움이 되지 않는다는 반박도 적지 않다.

한국은 중국보다 인공강우 기술이 떨어진다. 그래도 미세먼지 저감을 위한 실험은 여러 차례 시도한 바 있다. 2010년부터 2017년까지 경기도와 충청도 등에서 모두 14차례의 인공강우 실험을 진행했는데, 그중 4번을 성공했다. 그러나 강수량이 1mm에 그쳐 효과는 미미했다.

2019년 1월에도 서해상에서 인공강우를 시도했지만 효과가 별로 없었다. 미세먼지를 해소하기 위해서는 최소 시간당 5~10mm의 비가 내려야 하는데 강수량이 적었던 것이다. 특히 한국에서 미세먼지가 심한 날은 고기압의 영향을 받는 날이다. 이런 날은 대기가 안정돼 바람이 약하고 먼지가 제대로 확산되지 않는데다 비구름 자체도 적어 인공강우 성공률이 크게 떨어진다. 결국 한국에서 미세먼지를 줄이기 위한 인공강우 대책은 효과가 거의 없다고 봐야 한다.

중국의 지나친 인공강우 시도는 자연스러운 대기의 흐름을 방해해 기상이변을 일으킬 수 있고, 요오드화은이 함유된 눈비는 인체에 나쁜 영향을 미칠 수 있다. 특히 잦은 인공강우 시도는 한국 등 주변국의 기상이변을 유발할 수 있다는 우려마저 제기된다. 결론적으로 인공강우로 미세먼지에 대응하는 방법은 그다지 바람직하지 않다.

2018년 4월에 보도되어 주목받은 중국 시안의 거대한 공기정화탑은 어떨까? 높이가 60m에 달하는 이 공기정화탑은 일종의 건물형 공기청정기다. 거대한 필터가 설치된 탑 내부를 통과한 공기를 외부로 내보내는 간단한 원리로 작동된다. 공기정화탑을 세운 중국과학원 대기환경연구소는 하루에 1000만m^3 수준의 공기를 정화할 수 있다고 밝혔다. 설치한 쪽의 주장이라 진짜 정화 효과가 유의미한지는 더 지켜봐야 할 것이다.

시안시는 약 20억 원을 들여 이 탑을 지었고, 연간 유지비로 최소 3000~5000만 원 정도를 예상한다고 하는데, 그 비용만큼의 가치에 대해서도 아직은 회의적이다. 차라리 그 예산으로 집집마다 가정용 공기청정기를 사달라는 의견도 있었다는 후문이다.

미세먼지를 줄이기 위해 공중에 물대포를 쏘거나 물을 뿌리

미세먼지

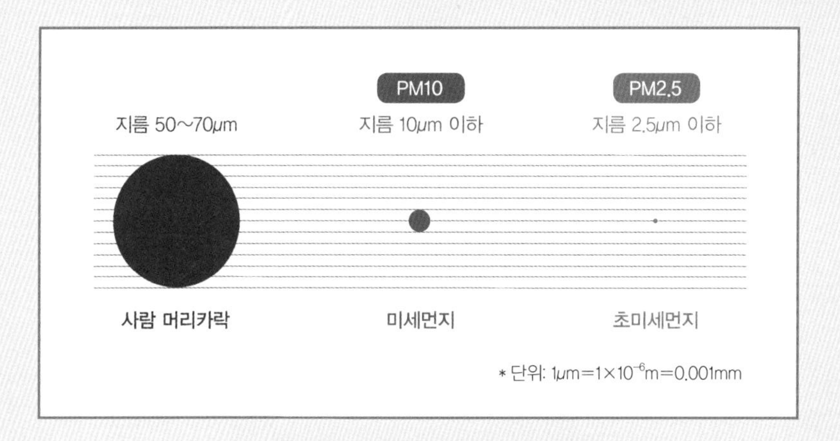

미세먼지 크기 비교

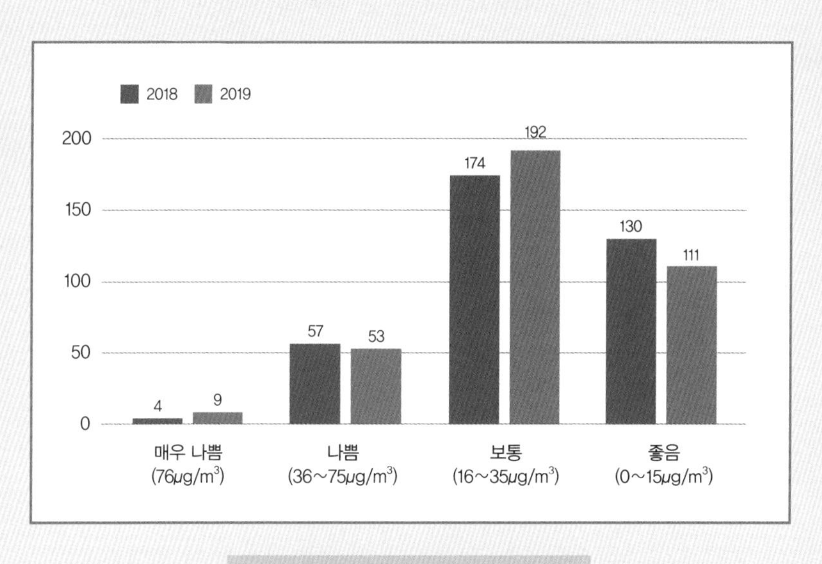

2019년 서울 미세먼지 농도

2019년 한 해 동안 서울 미세먼지 농도가 '매우 나쁨'인 날은 전년 대비 5일 증가한 9일, '나쁨'인 날은 전년 대비 4일 감소한 53일로 나타났다. '보통'인 날은 전년 대비 18일 증가한 192일인 반면 '좋음'인 날은 전년 대비 19일 감소한 111일로 나타났다.

는 방법을 시도하기도 한다. 먼지가 많은 공중에 물을 뿌려 먼지를 제거한다는 발상인데, 이는 중국이나 인도 등에서 실제로 시도하고 있는 방법이다. 비용이 적게 들고, 기술적 난도가 낮아 두루 사용할 수 있다는 것은 장점이다.

그러나 그 효과는 불분명하다. 물을 뿌리는 순간에는 미세먼지 농도가 약간 낮아지지만, 물 뿌리기를 그만두면 다시 상태가 나빠지는 등 장기적 관점에서는 효율적이지 못하기 때문이다. 더구나 효과를 볼 수 있는 범위가 극히 좁다는 것도 단점이다.

최근에는 드론을 활용하는 방법도 강구하고 있다. 필터를 장착한 드론을 특정 지역에 날려 공기를 정화하는 것이다. 공중에서 수백 대의 공기청정기를 가동해 대기의 미세먼지를 줄이는 방식이다. 이를 위해 동원되는 수백 대의 드론에 많은 비용을 들여 공기정화장치를 장착해야 한다는 결론이다.

드론에 화학물질을 실어서 보낸 뒤 공중에서 살포하는 방법도 있다. 미세먼지를 응고시키는 화학물질을 살포해 응집된 먼지를 땅으로 떨어뜨리는 것이다. 다만, 드론 용량이 아직은 작은 편이어서 고도나 중량에 한계가 있고, 공중에서 살포한 화학물질이 지상까지 닿을 경우의 부작용이 우려되는 만큼 쉽사리 선택할 수 있는 방법은 아니다.

그 밖에 제트엔진을 분사해 미세먼지를 흩어지게 하거나, 자동차에 미세먼지 정화장치를 장착하거나, 서해에 포집장치를 설치해 국내로 유입되는 미세먼지를 줄이는 등의 다양한 대책이 논의되고 있다고 한다. 하지만 실현될 가능성이 작거나 효과가 기대에 못 미친다는 지적을 받고 있는 것이 한계이긴 하다.

공장의 매연, 자동차 배기가스 등 대기오염물질을 획기적으로 줄이는 한편, 실질적으로 미세먼지를 정화할 수 있는 방법이 하루빨리 개발되기를 기대한다.

MEDICAL

08

공기정화 식물 믿기보다 창문 열어라

미세먼지 저감을 위한 사회적 노력이 지속되고 있다. 개인들도 집 안에 공기청정기를 설치하거나 공기정화 식물을 더 많이 들여놓는 등 미세먼지로부터 벗어나기 위해 다양한 방법을 강구하고 있다.

사람들 사이에 공기정화 식물을 길러 실내 공기를 정화할 수 있다는 믿음은 꽤 강력하다. 그러나 최근 공기정화 식물에 대한 효과가 과장됐으며, 오히려 창문을 열어 적절히 환기를 하는 것이 공기정화 효과가 더 뛰어나다는 연구 결과가 나와 주목된다.

2019년 11월 미국 드렉셀대학교 마이클 워링 교수 연구팀은 지난 30년간 발표된 밀폐된 공간에서 식물의 공기정화를 다룬

12편의 다른 논문을 검토하고, 196건의 실험 결과를 분석한 결과, 공기정화 식물의 공기 정화율이 창문을 열었을 때보다 미미하다는 사실을 밝혀냈다.

연구팀은 연구 결과를 '공기정화율CADR, Clean Air Delivery Rate'이란 단위로 증명한다. 공기정화율은 1시간 동안 공급된 깨끗한 공기의 부피를 나타낸 값인데, 단위는 m^3/h이다. 수치가 높을수록 공기정화가 잘되고 있다는 뜻이다.

연구팀이 내놓은 결과를 보면 공기정화 식물의 경우 공기 정화율이 $0.023m^3/h$로 상당히 낮았다. 4인 가족이 사는 면적($140m^2$)에서 창문 두 개를 열었을 때 공기정화율은 화초 680개가 있을 때의 공기정화율과 같고, 일반 건물에서는 환기장치로 인한 공기정화율이 $1m^2$당 화초 100개가 있을 때의 공기정화율과 같다.

다시 말해, 집 안에 화초 680개를 심은 화분을 놓거나, 몸을 움직이기도 쉽지 않은 $1m^2$의 공간에 화초를 심은 100개의 화분을 꽉 채워야 창문 두 개를 연 공기정화 효과가 있다는 의미다.

공기정화 식물의 효능은 1989년에 미항공우주국NASA의 실험에 의해 처음 알려졌다. NASA는 밀폐된 우주선에서 1년 이상 살아야 하는 우주인들이 건강을 잃지 않으려면 공기정화가 중요하다고 판단하여 몇몇 공기정화 식물을 가져다놓고 실험한 결과 그 효과를 입증했다고 발표했다.

나사 연구팀은 1m³보다 좁은 밀폐된 공간에 식물을 넣고 발암물질인 휘발성 유기화합물VOCs을 주입한 뒤 식물이 이를 얼마나 제거하는지 실험했다. 그 결과 식물이 하루 동안 최대 70%의 휘발성 유기화합물을 제거한 것으로 나타났다.

이 결과에 따라 NASA는 식물이 공기정화에 탁월한 효능이 있다고 보고, 아레카야자, 관음죽 등을 대표적인 공기정화 식물로 선정했다. 이 때문에 공기정화 식물의 효능은 과장되어 전 세계로 퍼져나가게 되었다.

드렉셀대학교 연구팀은 NASA의 실험이 1m³보다 좁은 밀폐

공기정화를 위해 집을 식물원으로 만들 작정이 아니라면 적절한 환기야말로 실질적인 대안이다.

된 공간을 가정했고, 그 공간에 한 종류의 휘발성 유기화합물을 주입한 만큼 집이나 사무실에 적용되지 않는다고 반박했다. 실제로 대부분의 가정이나 사무실이 $1m^3$보다 넓고, 밀폐돼 있지도 않으며, 한 종류의 휘발성 유기화합물이 아닌 여러 종류의 화합물이 뒤섞여, 실험처럼 일정한 농도로 주입된 상태에 있지도 않다.

연구팀이 강조하는 바는 식물의 공기정화 능력이 과장됐으며, 식물을 통한 공기정화보다는 창문을 여는 것과 같은 자연적인 환기가 실내 공기정화에 가장 효과적인 방법임을 알려준다.

환기는 코로나19 확산 방지에도 중요하다. 코로나19로 연기됐던 초·중·고교생들의 등교가 곧 시작된다. 하지만 무더워진 날씨로 학교에서는 에어컨을 사용할 수밖에 없을 것으로 보인다. 많은 연구나 실험이 진행된 상태는 아니지만, 중국에서 에어컨 바람의 환류 때문에 비말이 더 멀리 확산할 수 있다는 문제제기가 있었다. 우리 정부가 발표한 '생활 속 거리두기 세부지침'에 따르면 공기청정기 사용 여부와 상관없이 하루 두 차례 이상 환기하도록 권고하고 있다.

고등학교 3학년부터 등교를 순차적으로 진행할 예정이어서 교육부는 중앙재난안전대책본부와 협의해 등교수업 시 학교에서 지켜야 할 방역 가이드라인을 보완해왔다. 5월 7일 교육부는

교육부는 학생들이 등교하면 입실 전, 일과 중 하루 최소 2회 이상의 발열 검사를 진행할 예정이다. 아울러 수업시간 시작 전에 발열, 호흡기 증상 여부 등을 수시로 확인, 의심 증상이 있는 경우 즉시 선별진료소에서 진료 및 진단검사를 받도록 안내하기로 했다. 이를 위해 각 학교에 개인 거리를 유지하기 위한 책상 및 물품 재배치, 일상 소독을 위한 비품 구비 등을 요청했다.

등교 선택권 허용, 에어컨 사용 기준 등을 포함한 '학교 방역 가이드라인 수정본'을 발표했다. 이 가이드라인에 따르면 교육부는 학교에서 에어컨을 가동할 때 모든 창문의 3분의 1 이상을 열어두도록 했다. 코로나19 상황이지만, 폐쇄된 공간에서 학생들의 비말감염을 예방하기 위하여 자연 환기의 중요성을 반영한 대응이다.

MEDICAL

09

함께 쓰는 비누, 세균 없을까?

비누칠 하고 흐르는 물에 30초! 감염병 예방에 손씻기가 중요하다는 것은 전 세계 공통 상식이 되었다. 그런데 여기서 문득 드는 의문점이 있다.

지하철역이나 회사, 관공서 등의 공공 화장실에 비치된 비누는 문제가 없을까? 한 번씩 짜서 쓰는 액체 비누를 비치한 곳도 있지만, 고체 비누를 둔 곳도 많다. 그런데 문제는 이 고체 비누가 그다지 깨끗하거나 위생적으로 보이지 않는다는 데 있다.

앞 사람이 사용한 뒤 바로 사용하려고 할 때는 특히 불쾌한 기분이 들기도 한다. 거품이 묻어 있거나 손자국이 그대로 남아서 쉽사리 손이 가지 않는 경우도 있다. 개인위생을 위해 손을 자주 씻어야 하는데 많은 사람이 함께 사용하는 비누, 정말 괜찮은 것일까? 여러 사람의 손을 타서 혹시 세균이나 바이러스가 득실거리지 않을까?

비누 성분은 지방산과 염기로 구성돼 있다. 그래서 손에 묻은 기름기를 잘 제거해준다. 기름이 물에 잘 씻기지 않는 이유는 '소수성'을 가지고 있기 때문이다. 소수성은 친수성과 반대되는 말로 물 분자와 쉽게 결합하지 않는 성질을 말한다.

손을 씻을 때 손을 문질러주면 마찰열이 발생하면서 세균이나 이물질을 없애게 된다. 방역 당국에서 알려주는 손씻기 방법

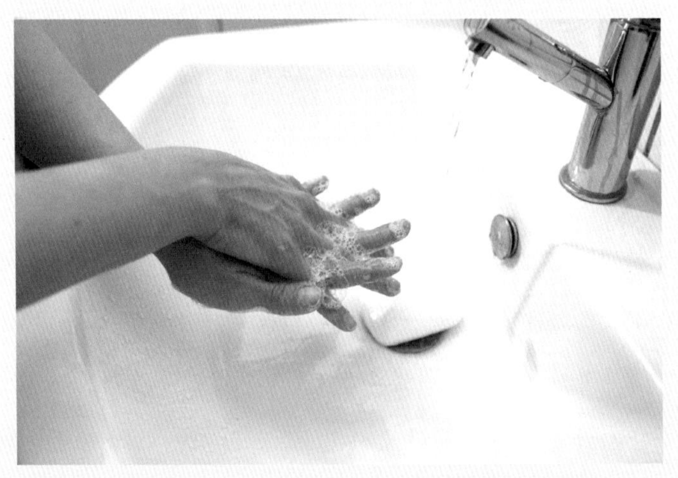

코로나19로 개인위생의 중요성이 강조되면서 손씻기가 감염병 예방의 가장 효과적인 방법이라는 인식이 확산되고 있다. 미국 질병예방통제센터는 손씻기를 '자가예방접종'에 비유하기도 한다.

에 손을 문지르는 동작이 많은 것은 이런 이유 때문이라고 할 수 있다. 비누만 손에 묻히면 되는 것이 아니라 문질러서 마찰열을 내야 한다는 뜻이다.

비누를 어떻게 사용해야 하는지는 이해했지만, 비누 속 세균은 어떻게 되는 것인지 여전히 걱정스럽다. 결론부터 얘기하자면, 비누에는 세균이 거의 없다. 비누 받침대에는 세균이 많다고 한다.

비누는 pH 값이 높아서 세균이 생존하기 어려운 환경이다. 즉 산도가 높아 세균이 오래 머물지 못한다는 말이다. 비누를 놓는 받침대와 거품 속에도 많은 세균이 있지만 손에 묻은 거품 속 세균은 씻으면 금방 쓸려 없어지기 때문에 문제가 되지 않는다.

다만, 다양한 연구 결과에 따르면 오염된 비누의 경우 세균이 많이 서식할 수 있다고 한다. 오래돼 갈라진 비누에는 때가 껴 있기도 하다. 이런 비누는 세균이 서식할 가능성이 큰 비누라고 할 수 있다. 요즘 공중화장실에 비누 받침대를 사용하지 않고 매달린 비누를 많이 비치하는 것도 이런 이유 때문이다.

비누가 외부에 노출돼 있지 않은 액체 비누를 사용하는 것이 더 괜찮겠지만, 액체 비누는 고체 비누보다 pH가 더 높아서 피부에 자극을 줄 수 있다. 액체 비누는 고체 비누보다 거품이 훨씬 잘 나지만 거품을 제대로 제거하지 않으면 피부가 상하므로

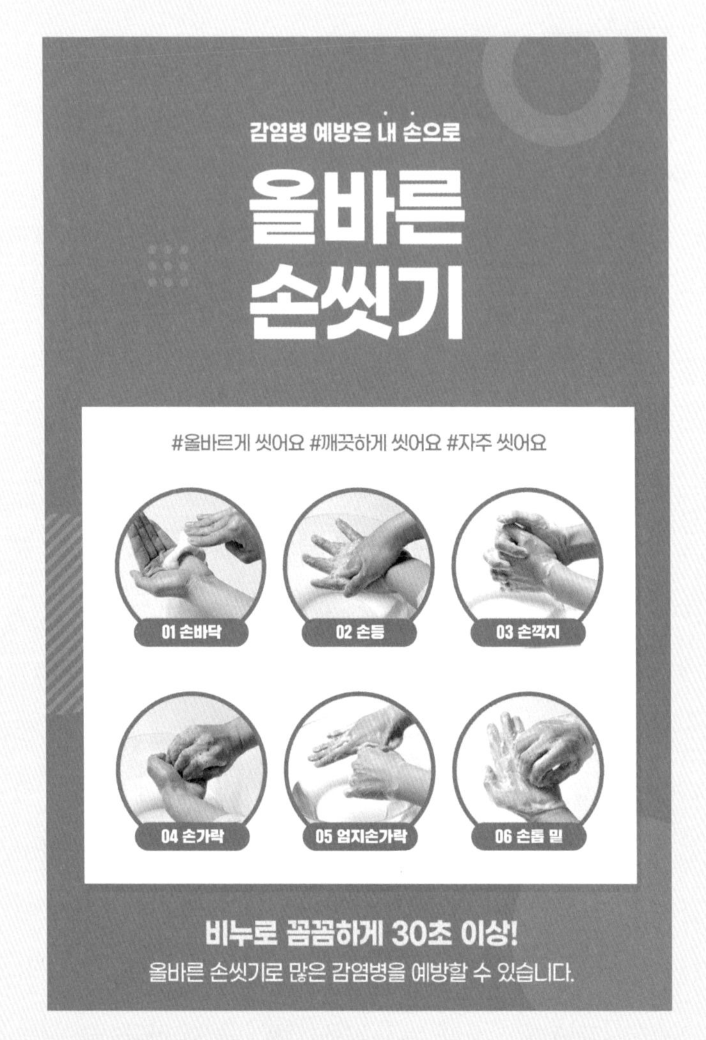

질병관리본부와 범국민손씻기운동본부에서는 6단계 30초 손씻기 방법을 권장하고 있다.

- 제1단계 : 손바닥과 손바닥을 마주대고 문질러 줍니다.
- 제2단계 : 손등과 손바닥을 마주대고 문질러 줍니다.
- 제3단계 : 손바닥을 마주대고 손깍지를 끼고 문질러 줍니다.
- 제4단계 : 손가락을 마주잡고 문질러 줍니다.
- 제5단계 : 엄지손가락을 다른 편 손바닥으로 돌려주면서 문질러 줍니다.
- 제6단계 : 손바닥을 반대편 손바닥에 놓고 문지르며 손톱 밑을 깨끗하게 합니다.

주의해야 한다.

만약 감염자가 사용한 고체 비누를 다른 사람들이 사용한다고 해도 비누 거품을 없애는 과정에서 비누의 염기 성분이 바이러스를 죽이기 때문에 감염될 우려는 없다. 흐르는 물에 30초간 손을 씻으라고 강조하는 것도 바로 이런 이유 때문이다. 코로나19로 위생의 중요성이 강조되는 때인 만큼 물을 아끼지 말고 평소보다 약간 길다 싶을 정도로 손을 깨끗하게 씻기 바란다.

MEDICAL

10

가정상비약,
1년 지나면 버려라?

집집마다 비상시에 대비한 의약품 한두 가지는 준비되어 있다. 두통약이나 감기약, 피부에 바르는 연고 같은 약품이 대부분이다. 그런데 약을 찾아 막상 먹으려고 하다 보면 망설여질 때가 있다. 약을 사다 놓은 지가 너무 오래됐기 때문이다. 유통기한을 살펴봐도 2~3년이 지난 약이 그대로 있다. 이 약을 먹어도 될지, 아니면 먹지 말아야 할지 확신이 서지 않는다. 과연 어떻게 해야 할까?

가정용 상비약에 유통기한이 표기되어 있는 까닭은 약도 다른 식품들처럼 먹어도 되는 기한이 정해져 있기 때문이다. 그렇다면 일반 식품처럼 유통기한이 약간 지났더라도 먹어도 큰 문제는 없는 것일까? 약은 일반 식품과 달리 쉽게 상하거나 부패하지 않기 때문에 더 헷갈린다. 또한, 유통기한이 지난 약은 약효는 있는 것일까?

먼저 의약품의 유통기한을 정하는 기준을 이해해야 한다. 의약품의 유통기한을 정하는 가장 큰 기준은 '유효성분의 용량'과 '독성물질의 농도' 등 두 가지다. 의약품의 경우 제품이 공장에서 만들어진 순간부터 유효성분의 농도가 서서히 떨어지기 시작한다.

의약품이 제 기능을 하기 위해서는 유효성분의 농도가 일정 농도 이상 유지돼야 하는데, 이 농도가 일정 농도 이하로 감소해

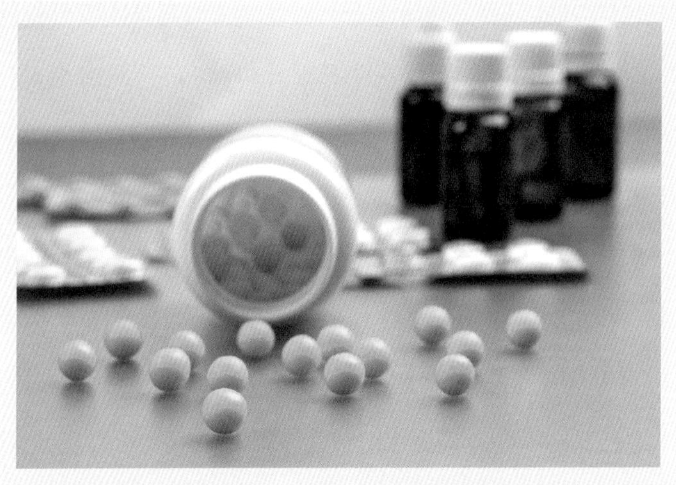

약을 오래 보관하려고 냉장고에 둬서는 안 된다. 습기가 차서 곰팡이가 생기거나 침전물이 생기고 성분이 변질되기도 한다. 냉동 보관해야 하는 약은 극히 드물다. 연고와 크림은 포장상자에 사용기한이 적혀 있으므로 포장지를 버리지 말고 같이 보관하는 편이 좋다.

의약품이 제 기능을 발휘하지 못하기 시작하는 시점을 유통기한으로 설정한다. 의약품의 유효성분 농도 감소 속도는 개봉 후 산소와 접촉하면 더 빨라진다.

따라서 유통기한이 지난 약품은 원래 기대한 만큼의 약효를 거둘 수 없다. 개봉해 산소와 이미 접촉한 약품일 경우는 유통기한이 지났다면 버리는 것이 현명하다.

오래된 약에는 독성물질이 생길 위험도 있다. 유해 성분이 미량일 경우는 약효에 큰 영향을 미치지 않지만, 오랜 시간이 지나면서 쌓이면 인체에 부정적인 영향을 미칠 수 있다. 따라서 유통기한은 의약품 내부의 작용 등으로 인해 만들어질 수 있는 독성물질이 인체에 해를 끼치지 않을 기간을 예측해 정하는 것이다.

고체 형태 알약의 경우 개별 포장에 따라 유통기한이 다르긴 하지만, 일반적으로 개봉 후 1년 정도다. 개별포장 없이 플라스틱 통에 무더기로 든 알약의 경우 개봉한 날로부터 1년이다.

병원에서 처방전을 받아 약국에서 조제한 알약은 조제 과정에서 이미 공기와 접촉했기 때문에 2개월 이내에 복용해야 한다. 이런 알약들은 직사광선이 닿지 않는 서늘한 곳, 기온 차이가 크지 않은 실온 상태로 보관했다가 복용하는 것이 좋다.

가루약은 조제 과정에서 분쇄하는 경우가 대부분이다. 공기 접촉이 되었고, 습기에 취약해 알약보다 유통기한이 짧다. 1개월 이내에 복용해야 한다.

액체 형태의 시럽은 개봉 시점부터 1개월 이내에 복용하는 것이 좋다. 1회용 복용병에 덜어 먹을 때는 공기 접촉이 더 많으므로 2~3주 내에 복용하고, 장기간 보관했다가 다시 먹을 때는 시럽 속 가라앉은 성분이 다시 섞일 수 있도록 흔들어서 복용해야 한다.

안약은 개봉 후 1개월 이내에 사용해야 한다. 투약 때 눈에 닿는 경우가 많아 세균 번식이 쉽기 때문에 1개월 이전이라도 색이 바래거나 할 경우 버리는 편이 좋다. 또 1회용 인공눈물의 경우는 방부제가 첨가되지 않았기 때문에 개봉했다면 하루를 넘기지 않고 사용해야 한다.

피부에 바르는 튜브 형태의 연고는 개봉하지 않을 경우 유통기한이 상당히 길지만 개봉 한 이후에는 6개월 정도가 유통기한이다. 연고는 바르면서 손이나 환부에 닿는 경우가 많아 튜브 끝부분에 세균이 번식할 가능성이 있는 만큼 사용 후 튜브 끝부분을 깨끗하게 닦아주어야 한다.

또 하나 반드시 지켜야 할 주의사항이 있다. 유통기한이 지난 의약품을 쓰레기통에 그냥 버리면 안 된다는 점이다. 의약품은 화학적으로 합성된 성분인 만큼 자연분해가 어렵다. 그냥 버리면 심각한 환경오염을 초래할 가능성이 크다. 약국이나 보건소 등에

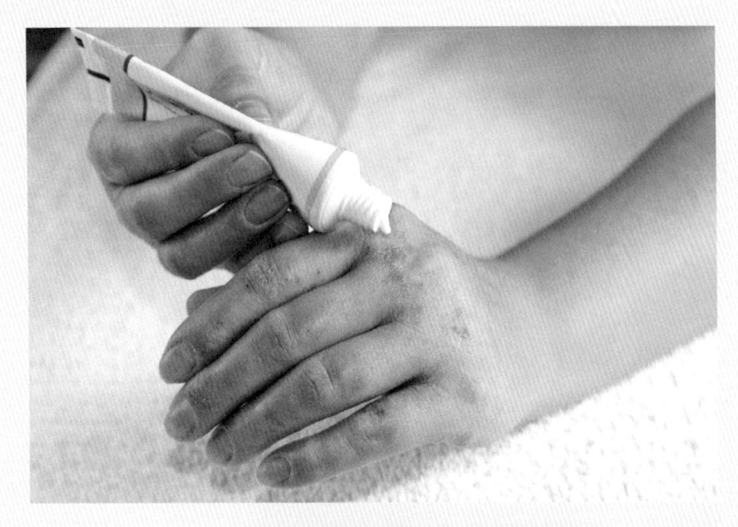

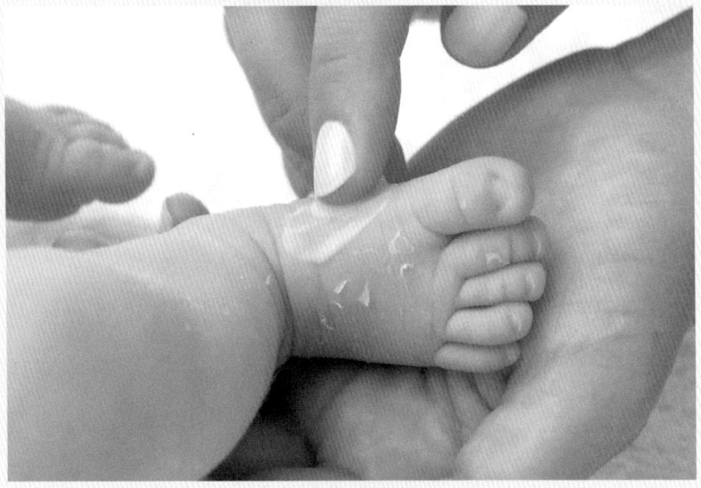

튜브형 연고의 유통기한은 개봉 후 6개월이다. 사용 후에는 튜브의 끝부분을 깨끗하게 닦아 보관해야 한다. 가정상비약을 잘 구비하는 것도 중요하지만, 정해진 용법과 용량을 지켜 복용하는 것이 훨씬 더 중요하다.

비치된 의약품 수거통에 버리는 것이 바람직하다.

간단한 소화제, 진통제라고 유통기한을 지키지 않고 먹었다가는 오히려 해가 될 수 있다. 가정에 상비약을 구비할 때는 개봉하지 않은 상태로 유지하고, 개봉했을 경우에는 반드시 유통기한을 지켜 사용해야 한다.

MEDICAL

11

개학 연기, 감염 줄이는 데 도움 되나?

코로나19는 등교와 출근도 막았다. 우리나라뿐 아니라 세계 주요 국가들이 휴교, 이동 제한 등 다양한 '사회적 거리두기'를 중요한 방역 조치로 실천하고 있다. 말도 많고 탈도 많았지만 학생들의 등교를 늦춰야 한다는 사회적 공감대가 형성되었다. 등교 연기는 감염병 확산을 줄이는 데 효과가 있을까?

코로나19 초기 교육부가 집단 감염을 우려해 온라인 개학을 추진하자 다양한 우려의 목소리가 터져 나왔다. 학생들의 학습권과 고3 학생들의 대입 지원 등을 둘러싼 복잡한 학사 일정의 조정 문제, 맞벌이 직장인들의 육아 문제 등 각자의 상황에서 다르게 인식할 수밖에 없기 때문일 것이다.

우리나라에서도 휴교에 찬성하는 이들은 "학교 폐쇄가 감염병 확산을 막을 가장 효과적인 방화벽이며, 백신을 개발할 시간을 벌어줄 수 있다"라고 주장했다. 반면 휴교에 반대하는 사람들은 "수업 취소를 넘어 훨씬 복잡한 문제를 야기한다"면서 "육아나 학교급식을 해결하기 어려운 빈곤가정에서는 코로나19 방역의 사각지대가 생길 수 있다"라고 지적했다.

휴교 찬성파는 대체로 과학자들이었다. 과학자들은 어떤 근거로 개학 연기나 휴교가 감염병 확산을 막는 데 도움이 된다고 주장하는 것일까?

최근 영국의 임페리얼칼리지런던Imperial College London의 연구팀은 "휴교가 감염병 확산을 막는 데 도움이 되고, 사회적 거리두기와 함께 시행할 경우 감염병을 억제하는 데 효과적"이라는 연구 결과를 발표했다.

연구팀은 증상이 나타난 환자의 7일 자가격리, 환자 및 가족 14일 격리, 70세 이상 고령자의 사회적 거리두기, 전 연령대 사회적 거리두기, 초중고 전면 휴교·대학의 필수연구자 등 25% 출근과 같이 5가지 방역 조치를 함께 시행했을 때의 효과를 시뮬레이션으로 분석했다. 연구팀은 각 정책을 시행했을 때 10만 명당 필요한 집중치료병상ICU 수가 얼마나 줄어드는지에 대한 비율을 계산했다.

증상 환자 7일 격리는 33%, 증상 환자 격리 및 가족 자가격리 동시 수행은 53%, 휴교는 12~14% 정도 병상 수를 줄일 수 있는 것으로 추산되었다. 또 여러 조치를 동시에 시행할 경우 효과가 더욱 커졌는데 증상 환자 격리와 가족 자가격리, 70대 이상 사회적 거리두기 등 3가지 조치를 동시에 시행하면 ICU 수가 67%나 줄었다. 여기다 휴교 조치를 더할 경우 감소폭은 최대 14%p까지 늘어나 81% 이상의 감소 효과가 있는 것으로 나타났다.

프랑스 연구팀도 휴교와 재택근무를 동시에 실시하면 방역 효과가 훨씬 커진다는 연구 결과를 발표했다. 연구팀에 따르면, 감염 확산 초기에 8주 휴교 조치만 시행할 경우 확산 최고 정점을 한 달 늦출 수 있지만 최대 감염자 수는 10%p 정도 줄이는 데 그쳤다. 그러나 성인의 25%가 재택근무를 할 경우 확산 최고 정점을 두 달 정도 늦추고 환자를 40%p 가까이 줄일 수 있다고 주장했다.

과거 다른 감염병의 경우에도 비슷한 연구 결과가 발표된 바 있다. 2009년 임페리얼칼리지런던 사이먼 코케메즈 박사팀이 국제학술지에 발표한 연구 결과에 따르면, 감염병이 유행하는 기간의 휴교 조치는 전체 감염을 15% 정도 감소시키는 효과가 있고, 감염이 정점에 달했을 때는 휴교가 40% 안팎의 큰 감소 효

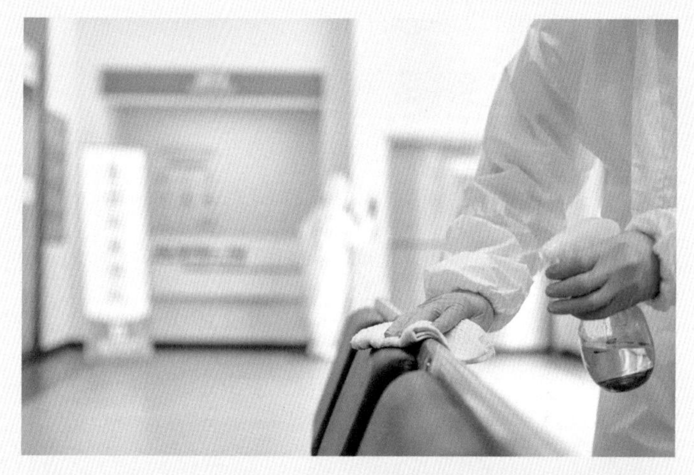

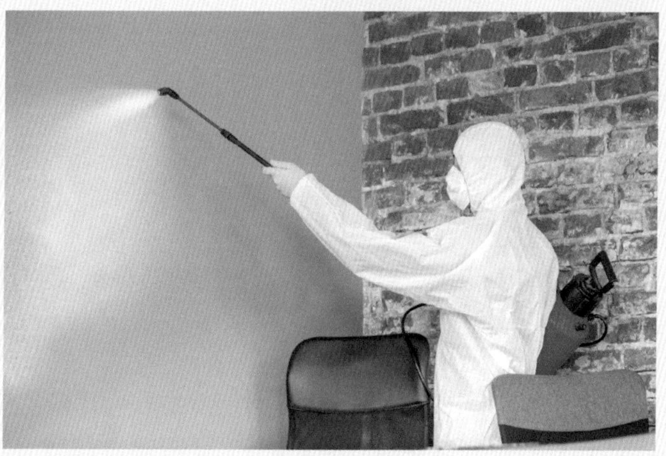

정부는 45일간 지속했던 '사회적 거리두기'를 5월 6일부터 '생활 속 거리두기'로 전환하면서 생활 속 거리두기 기본지침(안)을 제시했다.

개인방역 5대 핵심수칙

제1수칙: 아프면 3~4일 집에서 쉽니다
제2수칙: 사람과 사람 사이에는 두 팔 간격으로 충분한 간격을 둡니다
제3수칙: 손을 자주 꼼꼼히 씻고, 기침할 때 옷소매로 가립니다
제4수칙: 매일 2번 이상 환기하고, 주기적으로 소독합니다
제5수칙: 거리는 멀어져도 마음은 가까이 합니다

집단방역 5대 핵심수칙

제1수칙: 우리 공동체를 보호하기 위해 모두가 함께 노력합니다
제2수칙: 공동체 내에서 방역관리자를 지정합니다
제3수칙: 방역관리자는 방역지침을 만들고 모두가 준수하도록 합니다
제4수칙: 방역관리자는 공동체 보호를 위해 적극적 역할을 수행합니다
제5수칙: 공동체의 책임자와 구성원은 방역관리자를 적극적으로 돕고 따릅니다

과를 나타냈다.

연구팀은 1918년 스페인 독감 유행 이후부터 이뤄진 각종 휴교 조치가 바이러스 감염을 막는 데 얼마나 효과가 있는지를 조사했다. 연구팀은 어린이들이 충분히 격리되지 않았거나 정책 결정이 늦어질 경우 감염 확산을 막는 효과가 줄어들 수 있다고 경고했다.

이런 경우의 예로 2008년 홍콩, 1957년 프랑스, 1918년 미국 등이 있다고 밝혔다. 이들 국가는 이 시기 이미 감염병이 정점에 다다랐는데 뒤늦게 휴교에 들어가 감염병 예방효과를 보지 못했다고 분석했다.

임페리얼칼리지런던 연구팀은 "5가지 정책을 5개월간 동시에 수행하는 게 가장 효과적이지만 현실적이지 않다"면서 "증상 환자 7일 격리와 전 연령 사회적 거리두기를 필수로 하고, 가족 자가격리와 휴교를 적절히 실시해 효과를 높여야 한다"라고 강조했다.

과학자들의 이런 주장은 사실로 증명되었다. 코로나19 상황 초기 '방역 모범국'으로 인식됐던 싱가포르가 3월 23일 학생들의 등교를 강행했다가 확진자 급증으로 4월 8일부터 원격수업 방식으로 재전환했다. 개학 전 500여 명 수준이었던 누적 확진자 수가 개학 이후 2주가 지나자 1000여 명으로 늘었기 때문이다.

학생들을 일정한 거리를 두고 떨어져 앉게 하고 방역에도 최선을 다했지만 감염 확산을 막지는 못했던 것이다.

프랑스도 개학했다가 혼쭐이 났다. 프랑스는 5월 11일부터 유치원과 초등학교, 중학교를 단계적으로 개학했다. 그러나 개학한 학교에서 확진자가 쏟아졌고 결국 다시 학교 문을 닫아야 했다.

우리도 마찬가지다. 등교 첫날인 5월 20일 인천의 한 고등학교에서 확진자 2명이 발생하면서 인천 시내 5개구의 66개 학교 학생들이 모두 귀가했다. 과학자들의 선견지명을 따라야 했지만 쫓기는 학사 일정에 따른 고육지책마저 코로나19 앞에서는 속수무책이 되고 말았다.

프랑스 연구팀의 주장처럼 재택근무를 함께 시행한다면 더욱 효과적이지 않을까? 밀린 학사 일정을 비롯해 파생되는 다른 문제점들은 추후에 논의해도 된다. 당장은 추가 감염 확산을 막는 대책이 급선무일 것이다. '사회적 거리두기'를 모두가 적극적으로 지키는 것이 코로나19를 하루라도 빨리 극복하는 최선의 방법이다.

MEDICAL

12

마스크, 전자레인지로 소독한다고?

비말감염을 막기 위해 마스크를 쓰고, 손을 자주 씻으며, 사람들이 많이 모이는 곳에 가지 않는 사회적 거리두기 등이 일상화되기까지 방역 당국의 노력이 빛났다. 또한 인터넷, 언론 보도 등을 통해 쏟아져 나온 수많은 정보와 지침을 취사선택하여 실천한 결과이기도 하다.

코로나19가 우리의 일상을 뒤바꿔놓으면서 많이 힘들었지만 웃기는 해프닝도 많았다. 코로나19 바이러스가 '열에 약하다'라는 정보를 접한 A씨가 지폐를 소독하기 위해 전자레인지에 넣고 돌렸다가 지폐를 태워먹은 사연이 언론에 소개되면서 많은 이들에게 웃음을 안겨주었다. 그런데 언론에 보도된 A씨의 사례 외에도 전자레인지를 이용해 바이러스를 없애려고 시도한 사람이 의외로 많았다고 한다.

경북 포항의 A씨의 경우 코로나19 바이러스를 소독한 뒤 지폐를 사용하겠다는 마음을 먹고, 5만 원권 36장(180만 원)을 전자레인지에 넣고 돌렸는데 지폐가 타버렸다고 한다. A씨가 한국은행을 찾아가 새 돈으로 교환받은 금액은 95만 원에 불과했다. 손상된 지폐는 정상적으로 남은 면적이 얼마인지에 따라 환산하여 교환해주는데, 40~75%면 절반, 75% 이상이면 전액 새 돈으로 교환해준다. A씨의 경우 절반 정도만 건진 셈이다.

강원 춘천의 B씨는 5만 원권 20장(100만 원)을 전자레인지로 소독하다 태웠으나 다행히 일부분만 훼손돼 전액을 돌려받았다고 한다. 부산의 C씨는 1만 원권 39장을 전자레인지에 넣어 돌리다 6만 원을 날렸다.

지폐는 많은 사람이 함께 사용하는 것이어서 소독의 필요성을 느꼈을지 모른다. 마스크 대란이 일어나 구하기가 쉽지 않자, 마스크를 전자레인지에 넣어 소독하려고 시도한 사람들도 적지 않았다고 한다. 지폐와 마스크를 전자레인지에 넣어 소독하면 대부분 타버리고 만다. 지폐와 마스크가 전자레인지 안에서 타는 이유는 무엇일까?

우리 생활의 필수품이 된 전자레인지는 '마이크로파'라는 전자기파를 발생시킨다. 이 마이크로파를 흡수한 음식물 속의 물분자가 격렬한 회전운동을 하면서 음식의 온도를 올린다. 이 때문에 전자레인지를 사용할 때는 항상 전용용기를 사용해야 한다. 유리나 도자기 등 전자기파를 통과시키는 용기를 사용하거나, 플라스틱 제품 중에서도 전자레인지에서 사용할 수 있도록 만들어진 용기만 사용할 수 있다. 전자레인지에서 사용하지 말아야 할 대표적인 용기 재질은 '금속'이다. 스테인리스 용기는 물론이고, 알루미늄이나 은박지로 감싸도 안 된다.

이런 금속성 물질은 전자기파를 반사하는 성질이 있어 용기 안의 음식물을 데우지 못한다. 특히 뾰족하거나 얇은 형태의 금속 주변에 전자기파가 집중되는 현상이 발생해 금속이 빨리 가열되고 스파크가 일어나게 된다. 전자레인지 내부의 스파크가 가정의 화재로 이어지는 경우가 없지 않기 때문에 상당히 위험하다.

전자레인지로 살균하려 했던 지폐가 타버린 것도 지폐에 금속 성분이 함유돼 있기 때문이다. 지폐에는 위조 방지를 위한 은색의 점선과 숨겨진 선, 홀로그램 같은 기술이 적용되어 있다. 이 특수한 기능을 위해 대부분 금속성을 함유한 전도성 소재가 사용되기 때문에 이곳에 전자기파가 집중되면서 발화하는 것이다.

마스크도 마찬가지다. 마스크의 코 부분에 고정을 위한 철심

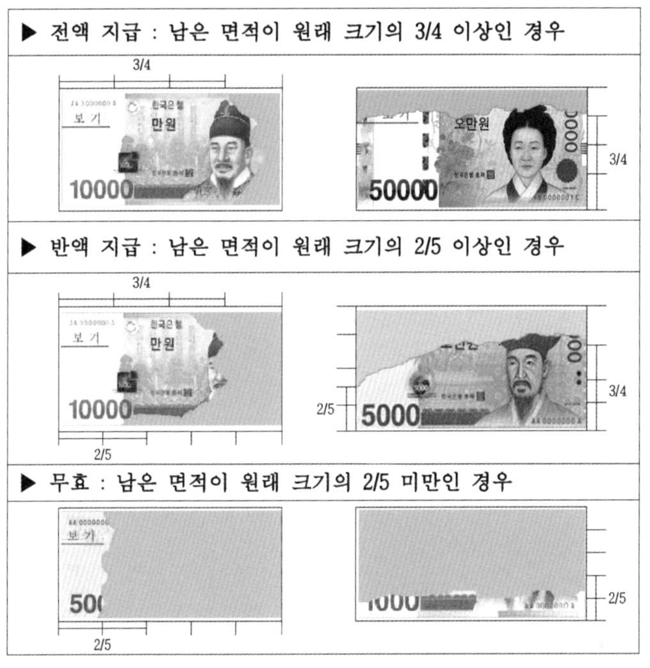

자료: 한국은행

불에 탄 지폐라도 모양을 그대로 유지하고 있으면 면적에 포함된다. 불에 탄 지폐를 교환할 때는 불에 탄 그대로 지폐 모양이 최대한 유지되도록 재를 털거나 쓸어내지 말고 상자나 기타 용기에 담아서 운반하는 편이 좋다.

이 삽입된 제품이 있다. 이 철심 때문에 마스크를 전자레인지에 넣어 돌리면 발화할 가능성이 크다. 소독은커녕 화재의 위험만 커진다. 사용한 마스크는 과감하게 버려야 한다. 그리고 지폐나 마스크, 문 손잡이 등을 만지고 찜찜한 기분이 든다면, 비누로 손을 씻자.

MEDICAL

13

마스크 때문에 공황장애?

코로나19로 바뀐 일상 중에 마스크 착용 상시화, 보편화가 있다. 그런데 마스크 쓰는 것을 두려워하는 사람들이 있다. 바로 '공황장애' 환자들이다. 코와 입이 막힌 것 같고 산소가 부족해지면서 답답하고 불안해지기 때문이다. 오랜 치료로 공황장애를 극복했던 사람들이 마스크를 착용하면서 다시 공황발작을 일으키고 있다고 한다.

그동안 미세먼지나 황사에 대비하기 위해 외출할 때나 잠깐잠깐 마스크를 써야 하는 상황은 있었다. 그러나 코로나19 때문에 외출할 때는 물론 실내에서 일할 때도 종일 마스크를 착용하고 있어야 하는 상황이 생기면서 공황장애를 호소하는 사람들이 부쩍 늘었다.

의료계에서는 마스크가 질식감을 유발해 공황발작을 일으킬 수 있다고 주장한다. 질병관리본부에서 코로나19 초기 착용을 권고하는 마스크의 등급은 'KF80' 이상이었다. KF80은 미세먼지 입자 크기가 평균 0.6μm인 미세먼지를 80% 차단해준다.

가장 높은 등급의 마스크는 'KF99'인데 미세먼지 입자 크기가 평균 0.4μm인 미세먼지를 99% 제거해주고, 그다음 등급인 'KF94'는 평균 0.4μm인 미세먼지 입자를 94%까지 차단해주는 등급이다.

마스크를 쓰면 공황발작을 일으키는 사람들이 있다. 마스크를 착용했을 때 호흡이 힘들다면 굳이 높은 등급의 마스크를 착용하지 않아도 된다.

미국에 KF94와 유사한 등급의 마스크가 있는데 바로 'N95'다. 일반인이 아닌 환자와 접촉하는 의사와 간호사들의 호흡기 감염을 막기 위해 제작된 의료용 마스크다. 마스크는 얼굴에 최대한 밀착시켜 써야 효과를 기대할 수 있다.

문제는 KF99 같은 고등급 마스크를 쓰면 실제로 호흡이 힘들어질 수 있다는 점이다. KF94 등급도 호흡 저항이 상당해서 일반인이 일상생활에서 착용하기에는 무리가 있는데, 안전하다는 이유만으로 동급의 N95 마스크가 품귀 현상을 빚기도 했다.

높은 등급의 마스크를 착용하면 공황발작을 일으킬 수 있다. 외부의 공기를 걸러주는 강력한 필터 때문에 흡기저항이 커지고, 그로 인해 이산화탄소가 마스크 내부에 쌓이게 된다. 그러면 혈액 내 이산화탄소 농도가 높아져 산소가 부족하다는 신호를 뇌가 포착하게 돼 질식해 죽을 수 있다는 공포에 빠지게 된다. 이 때문에 마스크를 벗지 않으면 발작을 일으키는 것이다.

물론 모든 사람이 마스크를 썼다고 해서 생명이 위급해지지는 않는다. 호흡에 다른 문제가 있는 사람이 아니라면 일상생활 도중 마스크 때문에 산소가 부족해지는 일은 일어나지 않기 때문이다. 하지만 숨이 막혀버릴 듯한 공포에 빠지면서 숨쉬기가 어려워지고, 이내 질식해 죽을 것 같은 공황발작을 경험한 사람은 마스크 쓰는 것을 두려워하게 된다. 전문가들은 이런 사람들

N95 마스크

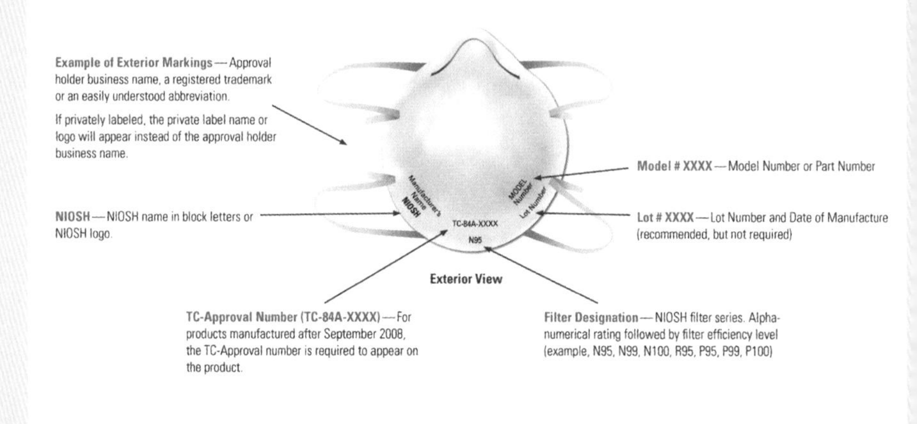

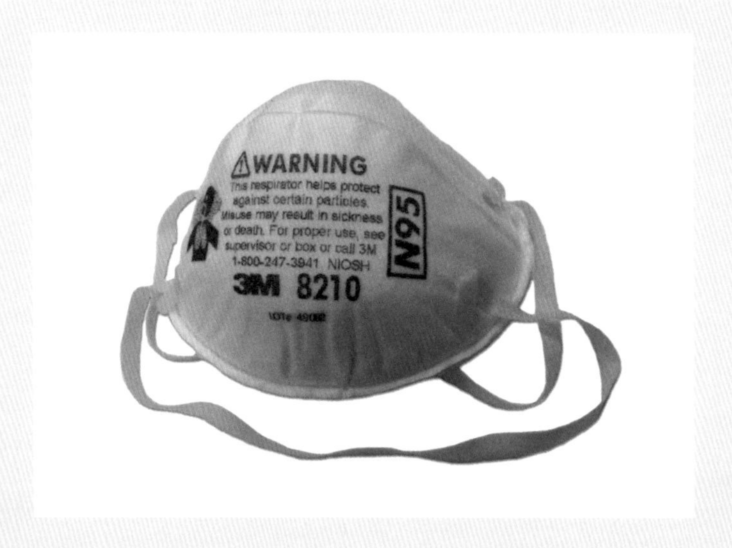

N95는 미국의 국립산업안전보건연구원NIOSH, National Institute for Occupational Safety and Health 기준에 의거한 등급이다. N95 마스크는 기름 성분에 대한 저항성은 없지만 에어로졸을 포함하는 공기 중에 떠다닐 수 있는 0.3μm 미세입자를 95% 이상 수준으로 걸러낼 수 있다. 우리나라 식품의약품안전처 기준으로는 KF94 등급에 해당한다.

에게 굳이 높은 등급의 마스크를 착용할 필요가 없다고 강조한다. 질병관리본부에서 권고하는 KF80 등급의 경우도 사람을 많이 대면하는 경우를 대비하여 착용하도록 권고한 것이다.

외출할 때는 비말을 막아줄 정도의 면이나 부직포 마스크 정도면 충분하다. 공황발작으로 길거리에서 쓰러지면 오히려 감염 환자로 의심받을 수 있는 요인이 된다. 그러므로 호흡이 가빠진다면 눈총을 받더라도 잠깐 마스크를 벗고 신선한 공기를 충분히 들이마시는 편이 좋다.

공황장애가 있는 사람이라도 마스크 쓰기 연습을 통해 극복할 수 있다. 처음엔 5분, 그다음엔 10분, 20분으로 차츰 착용 시간을 늘려가면서 적응하는 것이다. 마스크 착용이 정히 두렵다면 사람이 많은 곳에 가지 않고, 대화할 때 거리를 두거나, 걷거나 대중교통을 이용할 때 다른 사람과 일정한 거리를 유지하는 '사회적 거리 두기'를 실천하면 될 것이다.

MEDICAL

14

코로나19 백신 개발은 언제?

코로나 사태 장기화로 백신 개발을 학수고대하는 사람들이 많다. 관련 소식이 나올 때마다 해당 제약회사의 주식가격이 요동을 친다. 과연 언제쯤 백신이 개발될 수 있을까?

백신 개발에 가장 앞선 것으로 알려진 미국 바이오기업 모더나가 개발 중인 백신 후보 물질mRNA-1273에 대한 의혹이 제기되면서 백신 개발은 원점이 되는 분위기다. 국내에서는 몇몇 기업이 임상시험을 신청했지만 실제 윤곽이 나오기까지는 시간이 더 걸릴 전망이다.

이처럼 백신 개발은 그리 쉬운 일이 아니다. 2000년대 초반

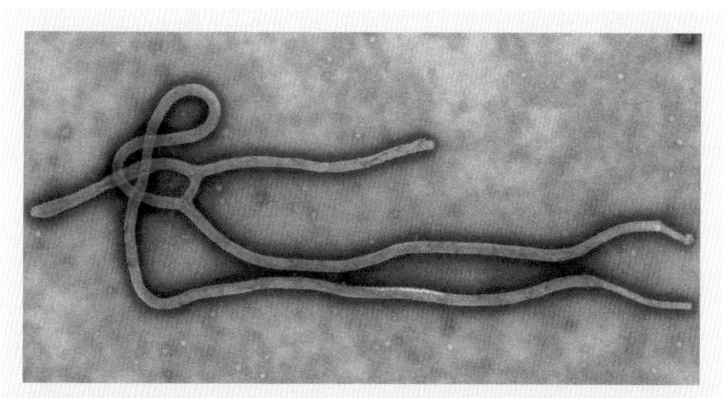

에볼라 출혈열(에볼라)은 에볼라 바이러스가 일으키는 질환이다. 심한 고열과 발진, 출혈 증상이 나타난다. 에볼라 질병에 대한 연구 결과 바이러스성 병원균의 균주가 6가지로 나타났다. 2019년 7월 21일 기준 세계보건기구의 보고서에 따르면, 총 2498건의 에볼라 감염 사례가 확인되었는데, 그중 1649명이 사망했다. 사망률은 67% 정도로 추정된다. 2019년 12월에 'rVSV-ZEBOV'라는 백신이 미국에서 승인되었다.

유행했던 사스와 2013년 메르스 백신은 아직도 개발되지 않고 있다. 1976년에 아프리카 자이르 북부 에볼라강에서 처음 발견돼 에볼라 바이러스로 명명된 바이러스의 백신은 2019년에 무려 42년이 지나서야 개발되었다. 10년이 넘은 사스 백신도 아직 개발되지 않았는데, 2019년 말부터 창궐하기 시작한 코로나19의 백신 개발을 벌써부터 기대하는 것은 무리 아닐까?

백신 하나를 개발하기까지는 막대한 비용과 노력, 시간이 필요하다. 독감 바이러스 백신의 경우 달걀에 바이러스를 집어넣어 배양해서 만드는 과정을 거친다. 달걀에서 바이러스를 48시간 정도 키운 후 바이러스를 채취해서 약품으로 불활성화시켜서 만든다. 이 방식은 시간이 많이 걸린다는 단점이 있다. 이렇게 만들어진 백신은 '사死백신', '불활성화 백신'이라 한다. 반면 바이러스를 약화시키기만 해서 만드는 백신은 '생生백신', '약독화 백신'이라고 한다. 바이러스마다 특성이 다르기 때문에 생백신이 맞는지, 사백신이 맞는지도 미리 판단해야 한다.

바이러스가 달걀에서 배양되지 않으면 다른 동물이나 균류 등의 세포를 이용해 바이러스를 배양해야 한다. 배양된 바이러스를 시험체에 바로 주입하는 것은 위험하기 때문에 바이러스를 구성하는 단백질을 만들어서 주입하는 절차를 또 거쳐야 한다. 게다가 어떤 단백질을 만들어야 효과적인 백신을 만들 수 있을지 모르기 때문에 이를 검증하는 데도 많은 시간이 든다.

여기까지 잘 진행되었다 해도 인체에 직접 접종하기 위한 안전성 검증 절차는 아주 까다롭다. 생산 과정에서 엄격한 무균 상태를 유지해야 하고, 임상시험을 반복해서 백신이 일정한 효과를 나타낸다는 점을 증명해야 하기 때문이다.

이런 임상시험의 경우 생쥐나 소형 동물을 시작으로 침팬지까지 10년 정도가 걸리기도 한다. 그 이후 사람을 대상으로 한 임상실험이 시작된다. 이런 숱한 과정을 거쳐야 하기 때문에 백신 하나를 개발하기까지 엄청난 비용과 많은 시간이 필요하다. 그래서 임상시험은 대개 초대형 제약사들이 맡게 된다. 만약, 이

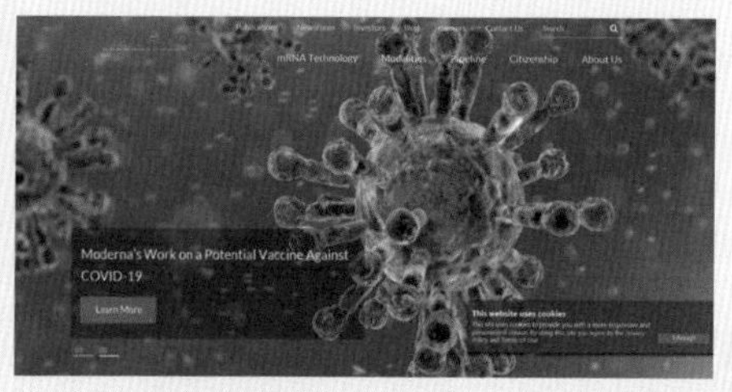

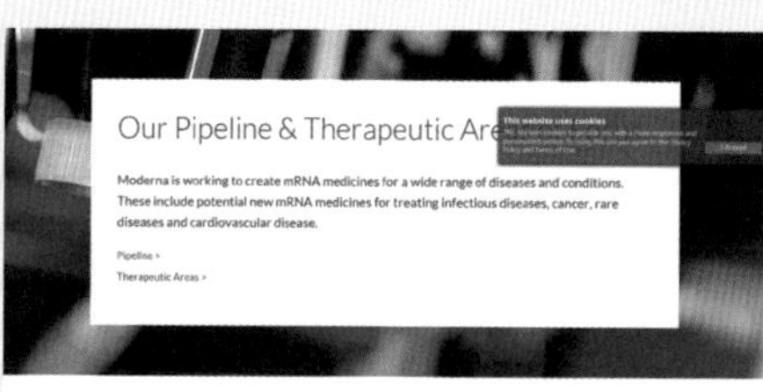

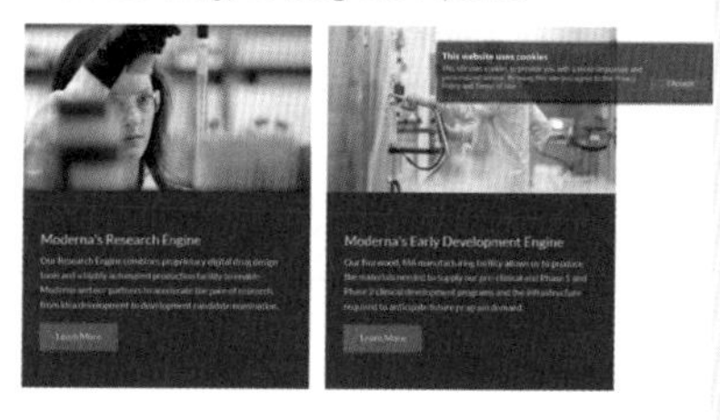

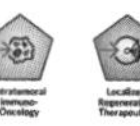

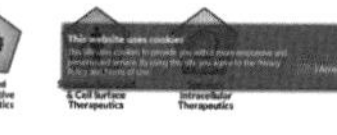

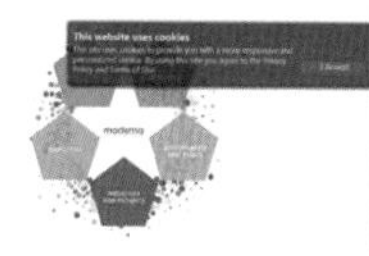

자료: Moderna, Inc.

미국 바이오기업 모더나 테라퓨틱스Moderna Therapeutics는 코로나19 백신 개발사 가운데 가장 빠른 속도로 연구를 진행하는 곳이다. 미국 식품의약국으로부터 임상2상 승인을 이미 획득한 데 이어, 오는 여름에는 임상3상에 착수하겠다는 목표로 계획을 추진 중이다. 임상3상 시험에는 수천 명을 등록할 예정이다. 그러나 최근 백신 후보 물질(mRNA-1273)에 대한 의혹이 제기되면서 백신 개발 가능성은 또다시 불투명해졌다.

들 제약사가 백신의 상품화에 적극적이지 않다면 백신 개발 시점은 무기한 연장될 가능성도 있다.

과학자들은 보통 백신이나 항바이러스제를 개발해 임상에 적용하는 데 10년 정도 걸린다고 한다. 그 기간 동안 투입되는 비용은 조 단위를 넘어서기 때문에 경제 논리가 개입될 수밖에 없다. 다국적 초대형 제약사들이 백신 개발에 '경제성이 없다'고 판단할 경우에는 강제할 방법도 없다.

나라마다 시판 허가 과정이 다른 점도 복병이다. 백신이 개발되더라도 각국의 사정에 따라 시판되기까지 시간이 더 걸릴 수 있다는 말이다. 게다가 예상하지 못한 부작용이 발견될 경우 책임 여부 등 다양한 문제가 불거질 수 있기 때문에 백신 개발부터 유통까지는 상당한 시간이 소요될 수밖에 없다.

질병의 세계적 대유행이 끝나고 뒤늦게 백신이 개발되곤 하는 것도 이런 여러 가지 이유가 있기 때문이다. 최근 미국에서 임상시험용 코로나19 백신을 맞는 사람이 처음 나왔다는 보도가 있는데, 이는 그만큼 상황이 다급했음을 보여주는 사례이기도 하다. 규정상 동물을 대상으로 한 선행 실험이 원칙인데도 그 과정을 생략했기 때문이다.

백신 개발을 앞당길 수 있는 방법은 없는 것일까? 앞선 미국의 경우처럼 임상시험용 백신을 동물실험을 거치지 않고, 위급

한 사람에게 바로 맞히는 것이 대안이 될 수 있을까? 인류가 생명을 지키기 위해 오랜 기간 구축해온 규칙을 스스로 무너뜨리는 것은 아닌지 우려되기도 한다. 질병을 이길 수 있는 대책 마련은 과학자들의 노력과 제약회사의 투자에만 의존하기에는 너무 중요한 일이 아닐까?

MEDICAL

15

붕어빵 '아빠와 딸'의 비밀

아이가 귀한 시대다. 그래서일까? 아이들과 부모가 함께 출연하거나 등장하는 방송 프로그램이나 광고가 부쩍 늘어났고, 방송에 나와 어린 자녀 자랑에 시간 가는 줄 모르는 연예인도 많다.

그런데 남자 연예인이나 남자 스포츠 스타들이 유달리 '딸바보'라는 말을 많이 듣고, 본인들도 두말없이 인정하는 경우가 많다. 아들보다 '딸이 더 귀여워서'라고 하면 신뢰성이 부족해 보이지만, '첫딸은 아빠를 닮는다'라는 말에는 대부분이 공감한다. 실제로는 어떨까? 과학적으로 '첫딸은 아빠를 닮는다'라는 이론이 성립될까?

대중에게 널리 알려진 스포츠 스타 중에서는 추성훈과 그의 딸 사랑이가 대표적이다. 방송에 출연하면서 사랑이는 많은 사람들의 사랑을 받았다. 그 외에 이영표와 그의 딸, 이운재와 그의 딸, 이대호와 그의 딸, 탤런트 김응수와 그의 딸, 고창석과 그의 딸의 모습은 '붕어빵' 기계로 찍어내기라도 한 것처럼 똑같다고 해도 과언이 아니다.

'첫딸은 아빠를 닮는다'라는 이론은 과학적으로 성립될 수 있다고 한다. 지난 2008년 영국 세인트앤드루스대학교 엘리자베스 콘웰 교수와 데이비드 페렛 교수가 국제학술지인《동물행태학Animal Behaviour》에 발표한 외모와 매력에 대한 연구 결과에서 "딸은 아들보다 부모의 성별에 관계없이 매력적인 외적 요소를 물려받을 확률이 높다"라고 밝혔다.

이 내용을 당시《텔레그래프》와《데일리메일》등의 매체가 대대적으로 보도하면서 화제가 되기도 했다. 페렛 교수는 "부모의 외모가 유전적으로 아들에게 연결되지 않을 가능성이 크다"라고 주장하면서 "남성은 여성의 외모를 보는 비중이 높지만 여성은 외모가 아닌 다양한 기준으로 배우자를 선택하기 때문"이라고 설명했다. 연구자들의 주장은 결국 '딸은 아들보다 아빠나 엄마의 외모, 즉 부모 생김새의 매력적인 요소를 유전적으로 물려받을 확률이 높다'라는 것이다.

Animal Behaviour

Volume 76, Issue 6, December 2008, Pages 1843-1853

Sexy sons and sexy daughters: the influence of parents' facial characteristics on offspring

R. Elisabeth Cornwell [1], David I. Perrett

⊞ Show more

https://doi.org/10.1016/j.anbehav.2008.07.031 Get rights and content

Choosing a mate to maximize fitness underlies all sexual selection theories. Key to understanding mate choice is the inheritance of particular traits. Using family photos, we evaluated the predictions made by sexual selection theories for human mate choice concerning the inheritance of facial characteristics and assortment in facial appearance of parents. We found that both fathers' and mothers' attractiveness predicted the facial attractiveness of daughters: 'sexy daughters'. Fathers and sons were related to each other in facial masculinity but not attractiveness, providing only partial evidence for 'sexy sons'. Mothers and sons did not relate in masculinity–femininity; neither did fathers and daughters. Parents were similar in attractiveness but masculine men were not partnered to feminine women. Our findings support some predictions of Fisherian selection processes and 'good genes' theory but are less consistent with 'correlated response theory' and the immunocompetence handicap principle.

자료: 사이언스다이렉트

데이비드 페렛은 '얼굴' 하나만을 연구하는 괴짜 심리학자로 유명하다. 영국 인간지각연구소 소장으로 있으면서 기발한 얼굴 실험으로 늘 언론의 주목을 받았다. 2014년 그의 저서 《끌리는 얼굴은 무엇이 다른가》가 국내에 번역 출간되기도 했다.

2008년에 발표한 논문에서 그는 딸이 부모의 우월한 외모를 물려받을 확률이 높으며, 그중에서도 아빠의 영향이 더 크다고 밝혔다. 하지만 그의 실험 결과와 달리 사람은 부모로부터 절반씩 유전자를 물려받으며 아버지와 어머니의 유전 영향은 비슷하다고 주장하는 과학자들도 있다. 부모의 어느 쪽을 닮는가는 확률론에 불과하다는 것이다.

해외 스타 중에서는 할리우드 배우 주드 로의 자녀들이 한때 이슈가 됐다. 아들 래퍼티와 딸 아이리스는 주드 로와 배우 새디 프로스트 사이에서 태어났다.

아들 래퍼티 로는 작고 못생겼는데 유명 패션기업의 모델로 발탁됐다며 금수저 논란이 일기도 했다. 반면 딸 아이리스는 어릴 때부터 예쁜 용모로 주목받으면서 모델 활동을 해왔다. 아들은 모델로서의 재능이 없다는 평가를 듣는 반면 딸은 재능을 인정받고 있다. 아빠의 유전자가 딸에게만 적극적으로 발현되는 것일까?

다른 연구 결과를 봐도 '자녀는 부모에게서 동일한 양의 유전자를 물려받지만, 아버지로부터 물려받은 유전자를 더 많이 사용한다'라는 사실을 알 수 있다.

연구진은 생쥐를 이용한 유전실험에서 어미 쥐로부터 질병을 일으키는 유전자를 물려받은 'A 쥐'와 아비 쥐로부터 질병을 일으키는 유전자를 물려받은 'B 쥐'의 유전자 발현 상태를 검토했다. 서로 다른 유전자를 가진 3종의 쥐 3마리와 다른 대륙에서 다양하게 진화한 변종 쥐를 교배해 낳은 새끼들이 발현한 서로 다른 9가지 유전적 특성을 오랜 시간 분석했다.

아비 쥐로부터 질병을 일으키는 유전자를 물려받은 'B 쥐'는 어미 쥐로부터 같은 유전자를 물려받은 'A 쥐'보다 질병 발현이 더 심각한 상태였다. 아비에게 물려받은 유전자를 더 많이 사용하기 때문이다. 과학자들은 인간을 포함한 포유동물이 어머니보다 아버지의 유전자를 더 많이 사용한다고 주장한다.

아버지의 유전자가 더 많이 발현된다는 말은 딸이 이 유전자를 더 잘 받아들여 활용한다는 의미일 것이다. 물론 확률이 높다는 말이지, 그 확률이 100%라는 뜻은 아니다. 애초 배우자를 선택할 때 예쁜 딸이 태어나기를 바라는 것이 아빠의 본심이었을 것이다. 그리고 엄마를 닮은 아들도 많다. 확률은 확률일 뿐이다.

MEDICAL

16

아이 건강은 부모 하기 나름

아이를 보면 부모를 알 수 있다는 말이 있다. 이 말은 사실일까? 아니면 아이의 행동거지에 대한 책임을 부모에게도 전가하려는 태도에 불과한 것일까?

아이를 보면 부모를 알 수 있다는 말이 과학적으로 근거가 없는 말은 아니다. 쉽게 파악할 수 있는 것 중 하나는 식습관이다. 어머니의 식습관이 자녀는 물론 손자와 증손자들에게까지 영향을 미친다는 과학자들의 연구 결과도 있는 만큼 가볍게 넘길 수만은 없을 것 같다.

스위스 취리히연방공과대학교ETH 중개 영양생물학연구소, 영국 케임브리지대학교, 스위스 바젤대학교 공동연구팀은 2018년

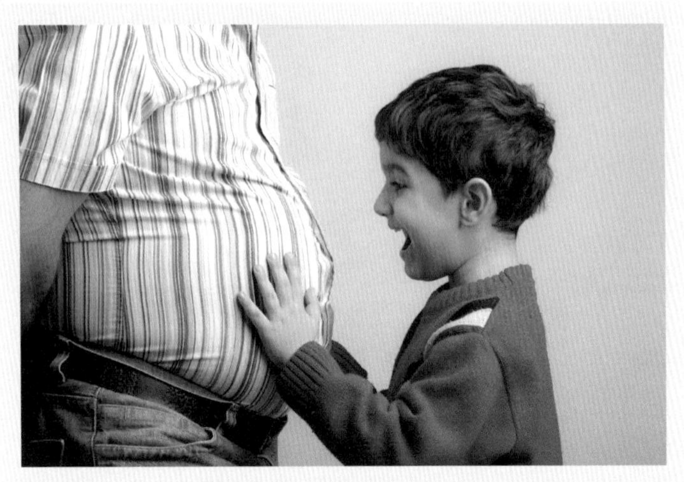

아이의 기형이나 비만은 부모 탓일 가능성이 크다.

10월 12일 학술지 《중개 정신과학Transitional Psychiatry》에 이 같은 연구 결과를 발표했다.

연구팀은 짝짓기 전부터 임신, 수유 기간까지 9주 동안 암컷 생쥐에게 고지방식을 먹였고, 그들의 수컷 새끼들은 정상적인 음식을 섭취한 암컷 생쥐들과 짝을 지었다. 그리고 이 생쥐의 수컷 자식들에게도 정상적인 음식을 먹은 암컷들과 짝을 이루도록 했다. 암컷 생쥐만 고지방식을 먹이고 그 생쥐의 아들과 손자, 증손자까지 정상적인 음식을 먹인 것이다.

연구 결과 고지방식을 먹인 암컷 생쥐들의 손자들은 중독성 행동과 비만 특징을 그대로 드러냈다. 3대손인 증손자 생쥐들은 차이점이 있었는데, 수컷은 비만의 특징을 나타냈고 암컷은 중독성 행동을 나타냈다.

연구를 수행한 다리아 페렉-라이브슈타인 연구원은 "이번 생쥐 연구를 인간에게 일대일 대응시킬 수는 없다는 점을 전제한다고 하더라도 의미 있는 결론"이라면서 "추후 연구를 통해 어떤 분자 전달 메커니즘을 통해 다음 세대까지 이런 장기적 영향을 초래할 수 있는지 조사할 것"이라고 말했다.

식생활뿐 아니라 부모의 건강도 태아에게 중대한 영향을 미친다. 아이가 엄마 뱃속에 있는 기간은 평균 280일(10개월)이지만 태아의 건강은 엄마가 임신하기 전과 임신 초기의 건강 상태에 따라 결정된다고 한다.

특히 조산이나 선천성 기형, 저체중아 등은 임신 전 부모의 상태에 영향을 많이 받는다. 선천성 기형 중 하나인 신경관결손증은 머리부터 등뼈 끝까지 연결되는 중추신경에 이상이 생겨서 대뇌가 아예 없거나 거의 없는 무뇌아로 태어나는 무서운 기형이다. 수정 후 4주 내에 결정되는 질환으로 임신 전과 초기에 임산부가 엽산을 충분히 섭취하면 예방할 수 있다.

임신 초기에 영양 부족이나 탈수 증상을 겪으면 저체중 태아가 태어날 확률이 높고, 태아가 성인이 됐을 때 대사증후군이나 당뇨, 고혈압, 비만 등 성인병 발병률이 높다고 한다.

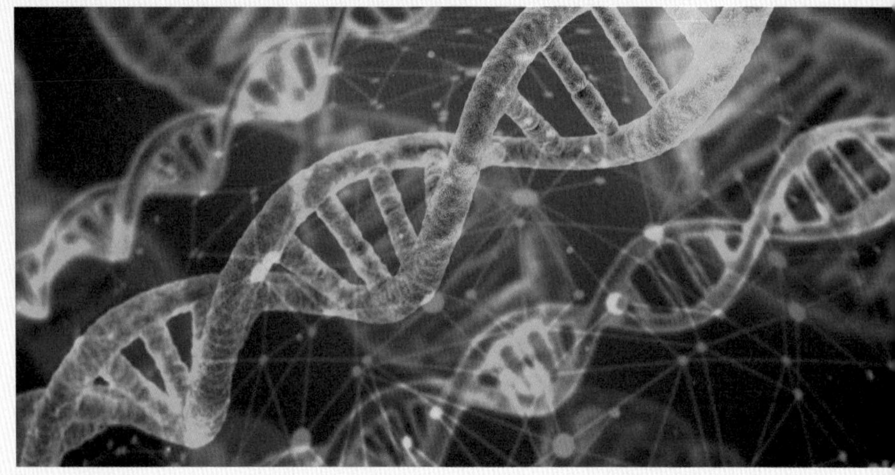

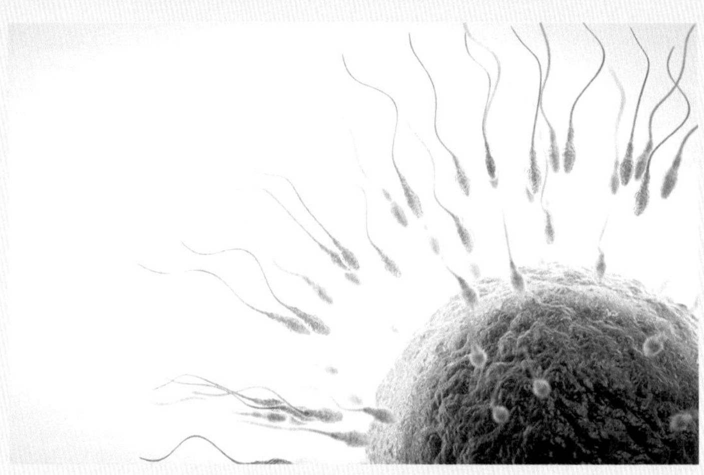

전체 난임 중 남성에 의한 난임이 40% 정도를 차지한다. 남성의 정액 검사에서 이상 소견이 발견되는 경우도 많다. 나이가 들면 정자의 질과 힘은 완만한 하향곡선을 그린다. 이 때문에 임신 계획일의 3개월 전까지 남성의 건강 상태를 끌어올려야 한다고 전문가들은 강조한다. 남성의 고환에서 정자가 생성되고 성숙되는 시간(74일)에 수정력을 갖추는 2~3주를 더한 기간이다.

요즘은 임신부의 연령대가 높아지는 추세이므로 만 35세 이상의 경우 임신 전 검사를 미리 받아보는 편이 좋다. 담배나 술, 또는 기형을 유발할 수 있는 약물과 질환 등에 대해 검사한 이후 문제점을 해결하고 임신하는 것도 바람직한 방법이라 할 수 있다. 임신 중 자궁근종이나 고혈압, 당뇨를 동반하는 임신중독증, 태반이 자궁경부 입구를 막는 저치 태반, 유산이나 조산, 기형아 출산 등의 가능성이 술과 담배, 약물 등으로 인해 높아질 수 있기 때문이다.

태아의 건강을 위해서는 정자의 역할도 중요하다. 남성의 경우 만 35세 이상부터는 정자 수가 감소하고 정자의 질이 떨어진다. 흡연과 음주가 잦은 사람일수록 그 정도가 심해진다. 이것이 연골무형성증과 같은 유전자변이 질환의 발병 가능성을 높이고, 뇌전증이나 소아백혈병, 중추신경종양 등의 발병 위험도 높이는 것으로 학계에 보고된 적이 있다.

그러므로 전문가들은 남녀 공통적으로 임신 전 혈액 검사와 갑상샘 기능검사, 간과 신장 검사, 갑상샘호르몬 검사, 성병 검사 등을 미리 받아볼 필요가 있다고 조언한다. 임신 후 태아와 산모의 건강에 직간접적으로 영향을 미칠 수 있기 때문이다. 부모의 흡연과 음주, 복용 중인 약물 등은 태아에게 지대한 영향을 미칠 수 있다.

MEDICAL

17

카페인 분해 유전자의 비밀 임무

커피는 많은 사람들의 기호식품이다. 식품의약품안전처가 권장하는 성인 1명의 하루 카페인 섭취량은 400mg이고, 1회 복용량은 200mg이다. 커피를 2잔 정도 마시는 분량에 해당한다.

식약처의 하루 카페인 섭취 권장량을 알고 지키는 사람도 있겠지만 그렇지 않은 사람이 더 많을 것이다. 커피를 한 잔만 마셔도 각성효과가 큰 사람이 있고, 몇 잔을 연거푸 마셔도 거의 영향을 받지 않는 사람도 있다.

커피 속 카페인의 각성효과를 보려고, 졸음을 떨쳐내기 위해 커피를 마시는 사람 중 각성효과를 얻지 못해 난감한 사람들도 있을 것이다. 이들이 커피를 마셔도 효과를 거두지 못하는 이유는 무엇일까? 각성에 필요한 양만큼의 카페인이 부족했기 때문일까? 아니면 이들의 신체에 다른 원인이 있는 것일까?

카페인은 식물에서 추출한 알칼로이드 화학물질로 각성효과, 기억력, 집중력을 일시적으로 향상시키는 정신활성물질이다. 카페인이 효과를 발휘하기 위해서는 '아데노신Adenosine'이 필요하다.

사람의 몸에서 생성되는 화학물질인 아데노신은 뇌에서 각성상태를 완화시키고, 잠들게 하는 신경전달물질이다. 이 아데노신과 어떤 물질이 먼저 결합하느냐에 따라 달라지는데, 아데노

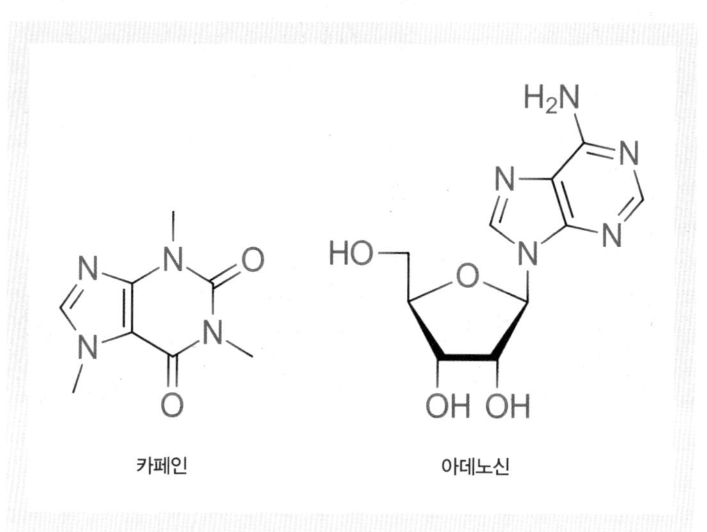

카페인은 커피나 차 등에 포함되어 있다. 카페인은 아데노신과 비슷한 구조이기 때문에 아데노신 수용체에 대신 결합하여 각성효과를 낸다.

몸에 들어온 카페인은 간에서 분해된다. 카페인 분해가 잘될수록 각성효과가 빨리 사라진다. 카페인이 분해되는 과정에 CYP1A2라는 유전자가 필요하다. 카페인 분해 유전자의 효율은 유전적, 환경적 요인에 따라 달라진다. 대부분의 사람들은 몸이 나른해지거나 피곤함을 느낄 때 커피를 마신다. 하지만 이때는 아데노신이 이미 뇌에 작용하기 때문에 각성효과를 제대로 보기 어렵다. 자신의 일상생활의 리듬을 살펴보고 피곤함을 가장 많이 느끼는 시간 30분 전에 커피를 마셔두면 큰 효과를 볼 수 있다.

신이 뇌 수용체와 결합하기 전에 카페인과 먼저 결합해야만 각성효과가 나타나게 된다.

그러니까 커피 속의 카페인은 아데노신의 역할을 방해하는 악역인 셈이다. 뇌 수용체와 결합해 잠이 오도록 하는 아데노신 대신 카페인이 뇌 수용체와 결합하니 잠이 안 오고 말똥말똥한 상태가 되는 것이다.

뇌 수용체와 결합한 카페인의 영향이 절반으로 줄어들기까지 보통 5시간 정도 걸린다고 한다. 그렇지만 사람마다 카페인의 각성효과는 서로 다르게 나타난다. 사람의 몸에 존재하는 '카페인 분해 유전자CYP1A2'의 많고 적음에 따라 달라지는 것이다.

의학계에서는 일반적으로 CYP1A2 유전자가 많은 사람을 '1A'형, CYP1A2 유전자가 적은 사람을 '1F'형으로 분류한다고 한다. 1A형은 카페인을 빨리 분해해 커피를 많이 마셔도 금방 잠들 수 있다. 반면 1F형은 카페인을 분해하는 속도가 느리므로 비교적 오랫동안 졸음을 쫓을 수 있다.

이처럼 카페인 분해 능력은 타고난 것이다. CYP1A2 유전자의 많고 적음으로 부모를 원망할 일은 아니다. 졸음을 떨쳐내는 방법에 카페인 섭취만 있는 것은 아니기 때문이다. 한편 카페인의 각성효과에 민감한 사람이라면 질 높은 수면을 위해 저녁에는 커피를 마시지 않는 습관을 들이는 편이 바람직하다.

MEDICAL

18

거북이 사람보다 오래 사는 이유

사람의 수명은 길어야 100년을 조금 넘는 정도다. 사람이 수명을 다하고 사망하는 것은 인체 세포의 노화 때문이다. 인체를 구성하는 체세포는 무한정 분열하지 못한다. 이를 '헤이플릭 한계Hayflick Limit'라고 한다. 미국의 해부학자 레너드 헤이플릭Leonard Hayflick이 제시한 이론에 따르면 인간의 세포는 평균적으로 40~60회 정도 분열한 뒤에는 노화해 사라진다고 한다. 다시 말해 세포분열을 할 수 있는 횟수의 한계가 정해져 있다는 의미다.

사람뿐 아니라 다른 동물도 저마다 수명이 정해져 있다. 그런데 유달리 오래 사는 동물들이 있다. 장수의 상징으로 알려진 거북이 대표적인 동물이다. 육지에서 사느냐, 바다에서 사느냐에 따라 수명의 차이가 있긴 하지만 육지거북의 수명은 대략 100년 내외, 바다거북의 경우 400년 이상 산 기록도 있다.

외신의 보도에 따르면, 1950년대에 잡힌 한 바다거북의 등에 스페인 사람의 이름과 배 이름이 새겨져 있었다고 한다. 이름을 추적한 결과, 놀랍게도 그 배의 이름이 무려 400년 전 스페인 함대에 소속된 전함이었던 것으로 밝혀진다. 그러니까 이 바다거북은 400년 이상 살았다는 계산이 나온다.

자료: Matthew Field

거북은 동서양에서 대표적인 장수 동물로 알려져 있다. 2012년 여름 갈라파고스 제도에서 '외로운 조지Lonesome George'라는 이름을 가진 핀타섬코끼리거북Chelonoidis Abingdonii의 마지막 개체가 숨을 거뒀다. 당시 100살 정도로 추정된 이 거북의 장수 비결을 밝히기 위해 국제 공동연구진이 유전자를 해독하여 노화와 관련된 새로운 사실을 많이 밝혀냈다.

거북이 이렇게 오래살 수 있는 것은 무엇 때문일까? 사람과 달리 세포가 노화되지 않는 것일까?

과학자들이 가장 놀라는 점은 '텔로미어telomere(말단소체)'의 복구다. 텔로미어는 세포 속의 염색체 양 끝에 존재하는 부분이다. 모든 생물은 서로 다른 특징의 텔로미어를 가지고 있는데, 이 텔로미어의 길이와 수명이 비례한다고 한다. 그러므로 사람의 경우 나이가 들면 텔로미어의 길이가 점점 짧아지게 된다.

사람 체세포의 텔로미어 길이는 15~20kb(1kb는 DNA 내 염기쌍 1000개의 길이) 정도라고 알려져 있으며, 한 번 세포분열을 할 때마다 50~200bp(1bp는 1염기쌍)만큼씩 닳아 없어진다. 이를 기준으로 계산해보면, 사람은 대략 50회 내외로 세포분열한 뒤에는 세포가 노화하면서 죽음에 이르게 되는 것이다.

사람보다 오래 사는 거북은 텔로미어의 길이가 사람보다 길기 때문이고, 사람보다 수명이 짧은 개나 고양이는 사람에 비해 텔로미어의 길이가 짧기 때문이라고 할 수 있다.

특히 거북이 사람과 다른 점은 텔로미어가 복구된다는 사실이다. 거북은 닳아 소진된 텔로미어를 복구해 원상태로 만들기도 한다. 사람의 텔로미어는 한번 닳아 없어지면 끝이지만, 거북의 텔로미어는 끝내 소진되기는 하지만 가끔 복구되기도 해서 사람보다 더 오래 살 수 있는 것이다.

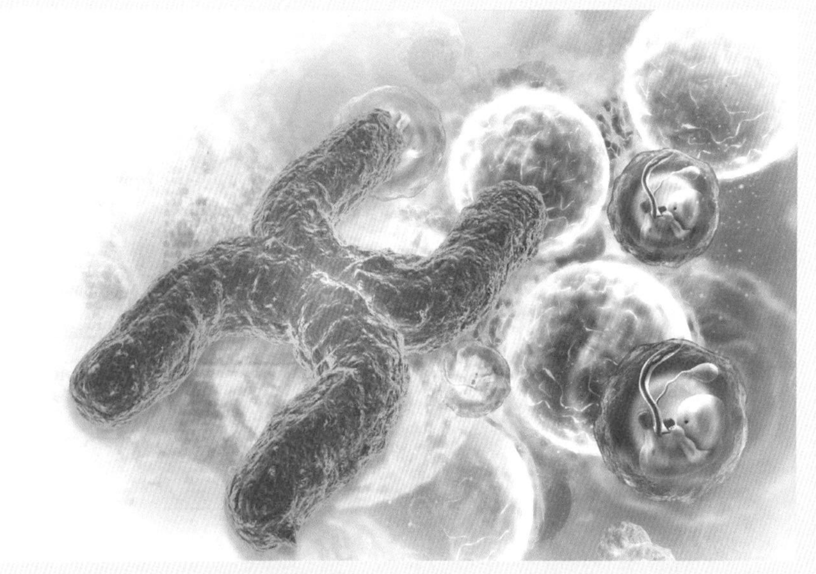

염색체는 세포의 핵 속에서 관찰되는 유전 정보를 갖고 있는 물질이다. 염색체는 실 모양의 물질인 염색사染色絲가 응축된 형태다. 세포분열 전기의 각 염색체는 2개의 염색 분체로 이루어져 있다.

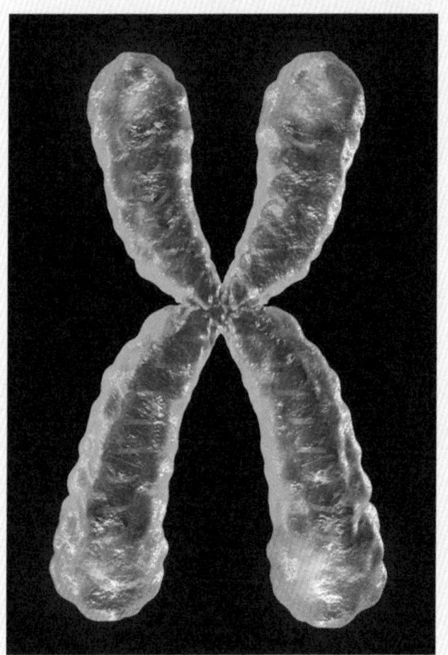
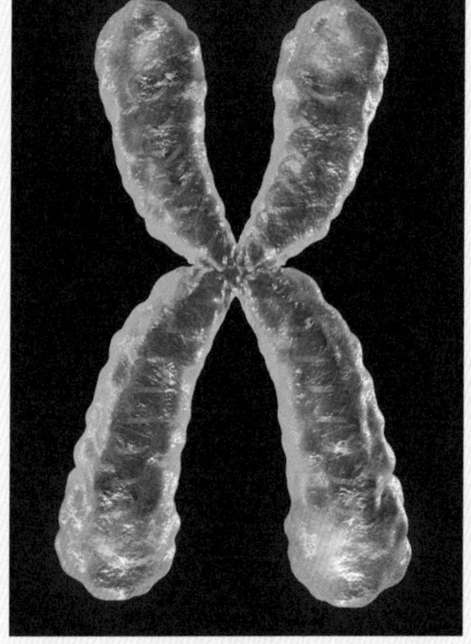

'텔로미어'는 그리스어로 '끝'을 의미하는 텔로스Telos와 '부위'를 의미하는 메로스Meros의 합성어다. 텔로미어는 염색체 끝부분에 붙어서 유전 정보가 담긴 DNA가 손상되지 않고 잘 복제되도록 보호한다.

DNA는 두 가닥의 폴리뉴클레오타이드 사슬이 서로 마주보는 나선 모양으로 꼬여 이중나선 구조를 이룬다. 텔로미어는 세포분열이 진행될수록 길이가 점점 짧아지는데, 이 과정이 곧 노화다.

텔로미어 복구라는 놀라운 점을 제외하더라도 인간에 비해 월등한 거북의 능력은 몇 가지가 더 있다. 그중 대표적인 것은 면역력이다.

거북의 게놈을 분석하면, 세포독성 T세포나 자연살해세포 같은 면역세포의 활성을 높이는 유전자의 변이를 볼 수 있다고 한다. 이 때문에 거북은 바이러스, 박테리아, 곰팡이, 기생충 등에 대한 방어가 뛰어나 병에 잘 걸리지 않는다. 게다가 거북은 암을 억제하는 유전자를 많이 가지고 있어 암에도 잘 걸리지 않는다.

종합하면 거북은 작은 질병에 잘 걸리지 않고, 암 같은 큰 병도 피해가며, 노화도 더디게 진행되므로 사람보다 훨씬 오래 살 수밖에 없는 셈이다. 유전자는 타고나는 것이지만, 우리의 신체는 어떻게 관리하고 노력하느냐에 따라 바꿔나갈 수 있다. 거북의 경우 장수 관련 유전자를 대대손손 진화시켜왔다고 할 수 있다. 거북의 유전자를 연구하면 인간의 유전자를 더 발전시킬 단서를 얻을 수 있지 않을까?

MEDICAL

19

합성생물학이 바이오안보 위협한다?

4차 산업혁명의 핵심은 '기술융합'이라고 할 수 있다. 서로 다른 기술들을 결합해서 보다 편리하고 윤택한 삶을 추구하는 것이다. 4차 산업혁명 시대의 3대 핵심기술로 나노기술NT, 정보통신기술ICT, 생명공학기술BT을 꼽는다.

합성생물학Synthetic Biology은 생명공학기술의 정점에 선 기술이다. 합성생물학은 현재까지 알려진 생명 정보와 생물 구성요소, 시스템 등을 모방해 변형하거나 기존에 존재하지 않았던 생물 구성요소와 시스템을 설계·구축하는 학문이다.

타이어와 차체 등 각종 부품을 이용해 자동차를 제조하는 것처럼 합성생물학은 생물학적 부품을 활용해 새로운 생물 구성요소를 합성하거나 생물 시스템 자체를 재설계·제작한다. 이 때문에 '창조주의 영역'에 도전한다고 볼 수도 있는 '양날의 칼'과 같은 분야다.

현재의 합성생물학은 미생물 개체의 전체 유전자를 작은 조각으로부터 합성해 다른 미생물에 옮겨넣어 작동시키는 수준에 도달했다. 이는 유전자를 하나의 단위를 갖는 부품으로 보고 공학적으로 합성, 조합해 생명체 기능을 혁신적으로 조절할 수 있다는 뜻이다.

합성생물학의 핵심기술에는 유전자 분석기술, 시스템생물학, 유전자 합성기술, 유전자 편집기술 등이 있다. 이 기술들을 적용하면 '인공생명체' 창조는 그리 어려운 일이 아니다. 영화에 등장하는 '캡틴 아메리카'만큼은 안 되겠지만 그와 비슷한 능력을 가진 군인을 실제 전장에 투입할 정도의 기술은 된다고 할 수 있다.

한성구 한국과학기술기획평가원KISTEP 연구위원과 조병관 한국과학기술원KAIST 교수가 2018년 말 KISTEP에 발표한 공동연구 〈합성생물학의 발전과 바이오안보 정책방향〉 보고서에 따르면, 이런 합성생물학의 발전은 잠재적으로 질병을 제어하거나 발생시키기도 하고, 생물무기로서의 파괴력과 활용성을 내포하는 '이중 용도dual use'의 위험성을 증가시키고 있다고 한다.

유전공학 등의 신기술로 바이러스나 박테리아를 조작해 새로

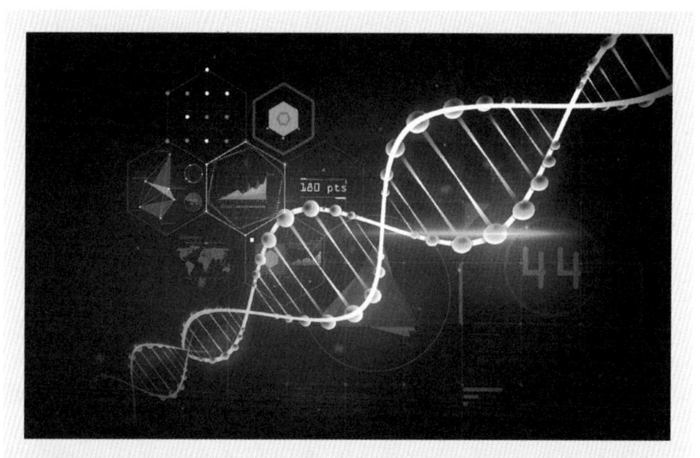

합성생물학 기술을 악용한다면 '바이오안보'에 심각한 위험을 초래할 수 있다. 미국의 한 연구팀이 2010년 5월 합성 세포를 만들어낸 이후 버락 오바마 대통령은 합성생물학의 잠재적인 이점과 위험을 조사해달라고 대통령 직속 생명윤리위원회에 요청한 바 있다. 위원회는 권고안을 마련하는 과정에서 5가지 윤리 원칙을 재확인했다고 밝혔다. 공공의 이익public beneficence, 책임 있는 직무responsible stewardship, 지식의 자유와 책임성intellectual freedom and responsibility, 민주적인 숙려democratic deliberation, 정의와 공정justice and fairness이 그것이다.

운 질병을 유발하거나 무기 유용성이 높은 병원균 생산이 보다 쉬워지는 위험이 존재하는 것이다.

생물무기는 저비용으로 제작되고 적은 양으로 많은 인명을 살상할 수 있고, 운반도 쉽다는 특징이 있다. 또 살포 후 일정 기간의 잠복기가 있어 즉각적으로 증상이 나타나지 않기 때문에 초기에 감지·치료하기가 어렵고, 종류에 따라 한번 감염되면 스스로 확산하는 특징도 있다.

합성생물학이 발전할수록 생물무기는 더 견고하고 악랄해질 수 있다. 실제로 구소련은 탄저균을 모든 항생제에 대해 면역성을 갖도록 조작한 바 있다. 일부 국가는 유전자 조작을 통해 이동과 살포를 더 쉽게 하는 연구를 진행하기도 했고, 특정 종족에 대해서만 작용하도록 조작했다는 기록도 남아 있다.

합성생물학으로 더 위험한 바이러스가 만들어진 것도 염려스러운 부분이다. 2012년 네덜란드 연구팀은 야생형 고위험성 조류 인플루엔자 바이러스(AI A virus H5N1,이하 H5N1)의 변종에 유전자 변형을 한 후 실험동물인 흰담비에 연속적으로 배양해 포유류에게 공기로 전파되는 유전자변형 바이러스를 만들었다.

비슷한 시기에 미국 연구팀은 H5N1-H1N1 키메라 바이러스를 만들고, 여기에 특정 유전자를 추가해 공기로 진파되는 유선자변형 바이러스를 만들기도 했다. 이런 인체 감염이 가능한 위험한 인플루엔자 바이러스는 얼마든지 생물무기로 활용될 수 있다. 이 때문에 미국의 '바이오안보 과학자문위원회NSABB'는 중요한 사항을 논문에 게재하지 않도록 권고하기도 했다.

합성생물학과 관련해 또 다른 우려도 있다. 합성생물학을 통해 제작할 수 있는 유전체의 크기가 커짐에 따라 새로운 종류의 생물무기 출현에 대한 걱정은 물론 기존 생태계를 파괴할 위험성도 대두되고 있다.

2015년에 'CRISPR/Cas9'라는 3세대 유전자 가위를 이용하여 모기에게 말라리아 원충에 대한 저항성을 부여하여 말라리아를 감염시킬 수 없게 만드는 데 성공했다. 모기가 말라리아 원충을 갖지 못하게 함으로써 사람을 흡혈해도 말라리아 감염이 발생하지 않게 하는 방법이다. 2018년 영국의 한 연구팀은 CRISPR/CAS9 기술을 이용하여 말라리아를 퍼뜨리는 모기의 생식 유전 물질을 잘라내어 이를 통해 모기를 박멸하는 연구를 진행했다. 그런데 일부 학자들은 생태계 교란을 일으킬 수 있다는 점에서 연구 중단을 촉구하기도 했다.

'유전자 가위'는 DNA 부위를 자르는 데 사용하는 인공 효소로 유전자의 손상된 부분을 제거하고 문제를 해결하는 유전자 편집 Genome Editing 기술을 말한다. '크리스퍼'는 세균 유전체에서 발견한 반복되는 염기서열Clustered Regularly Interspaced Short Palindromic Repeats을 일컫는 말이다. 2002년 네덜란드의 얀센 박사가 이 구조에 'CRISPR'라는 이름을 붙였고, 추후 많은 연구자들의 연구가 이어지면서 크리스퍼가 세균의 후천적 면역에 중요한 역할을 한다는 사실이 밝혀졌다. 'Cas9'은 크리스퍼 서열에 상보적인 DNA의 특정 줄기를 인식하고 절단하기 위한 가이드로서 크리스퍼 서열을 사용하는 효소다.

그러므로 크리스퍼 유전자 가위CRISPR/Cas9 기술은 Cas9이라는 효소를 이용하여 DNA 염기서열을 잘라 편집하는 방식으로

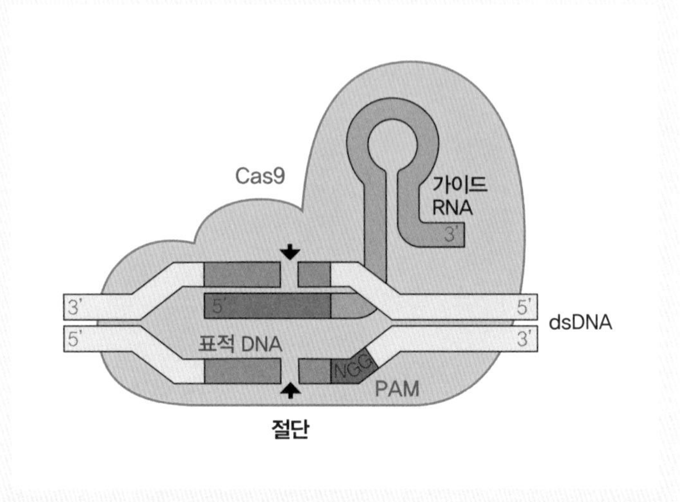

자료: marius walter

CRISPR/Cas9 유전자 가위는 3세대 유전자 가위다. 표적 DNA를 인식하는 가이드 RNA를 따라 Cas9이 염기를 절단한다. PAM은 가이드 RNA와 다르게 크리스퍼 유전자 가위 단백질이 직접 인식하는 염기서열이다. Cas9 절단효소는 두 개의 염기서열을 나란히 자르기 때문에 깔끔하게 잘린다는 특징이 있다. CRISPER/Cas9 시스템은 2015년 생물학 분야에서 가장 혁신적인 연구 성과를 지정하는 '2015 Breakthrough of the Year'에 선정되었다.

작동한다.

이 기술을 잘 활용하면 돼지의 장기를 인간에게 이식할 때 발생하는 문제를 유전자 편집으로 해결하거나 항암세포 치료제를 개발하는 등 엄청난 혁신이 가능할 것으로 점쳐지고 있다. 하지만 과학자들은 합성생물학 연구 이면에 깔린 질병 치료나 인류애, 애국심 등을 빙자한 인간 내면의 이중적 욕망을 제어하기 어렵다는 문제의식도 제기하고 있다.

멸종 동물을 재생하거나 인간 유전체를 합성해 새로운 생명체를 설계하고 만들어내는 것조차 가능한 시대, 이런 합성생물학이 과연 우리 삶과 가치관에 어떠한 영향을 끼칠지 궁금해진다.

MEDICAL

28

바이오안보, 세계적 대응이 필요하다

합성생물학이 발전할수록 생물무기는 더 견고하고 악랄해지고 더 위험한 바이러스로 재탄생할 수 있다. 모든 항생제에 면역성을 갖도록 세균을 조작하거나 특정 종족에 대해서만 작용하도록 조작할 수도 있다.

이른바 창조주의 영역이라고 할 수 있는 인간의 배아복제를 두고도 논란이 계속되고 있다. 2017년 2월 14일 미국 과학·공학·의학 아카데미NASEM 회의에서 엄격한 기준을 만족하는 경우 기초 연구를 위한 과학자들의 인간배아 편집을 용인한다는 결론을 내려 인간 배아세포 대상 유전자 교정 기술 적용이 허용된 상태다. 그러나 윤리적, 법적 문제로 임신을 목적으로 하는 유전자 편집은 여전히 금지돼 있다.

2018년 11월 중국 선전의 남방과학기술대학교에 재직 중인 허젠쿠이 교수는 인체면역결핍바이러스HIV의 감염을 막기 위해 유전자가 편집된 쌍둥이 여아가 태어났다고 발표해 논란을 일으켰다. 허젠쿠이 교수는 HIV에 대한 면역력을 갖도록 하기 위해 관련 유전자 CCR5를 유전자 가위를 이용해 편집해 '룰루'와 '나나'라고 불리는 쌍둥이 여아를 탄생시킨 것이다.

이 때문에 허젠쿠이 교수의 인간배아 편집이 '윤리적, 법적 문제로 임신을 목적으로 한 유전자 편집'에 해당하느냐 아니냐를 두고 논란이 발생했다. 2019년 12월 30일 중국 신화통신은 선전시 인민법원이 1심에서 허젠쿠이 교수에게 불법 의료행위죄로 징역 3년형과 벌금 300만 위안(약 5억 원)을 선고한 사실을 보도했다.

과학자들은 합성생물학이 바이오연료, 의약품, 유기물질 등을 생산하거나 암을 제거하는 미생물을 만들 수 있는 등 다양한 활용성이 있다고 평가한다. 하지만 관련 기술을 악용할 경우 인간의 욕망을 제어하기 어렵다는 문제도 함께 제기하고 있다. 실제로 인간의 이중적 욕망이 '바이오안보Bio security'를 위협하는 지경에 이르렀다.

그래서 세계는 2014년 에볼라 확산방지를 위한 국제공조를

사이언스타임즈 네이버포스트 사이언스올 스토리 KOFAC 로그인

The ScienceTimes

과학기술 과학정책 과학문화 과학기술인

과학기술 기초·응용과학 보건·의학 항공·우주 자연·환경·에너지 신소재·신기술

중국서 '유전자 편집' 아기 출산

세계 최초 사례 주장, 과학윤리 논쟁 가열

2018.11.27 10:34 이강봉 객원기자

중국에서 '유전자 편집(gene-edited)'을 한 쌍둥이 여아를 출산했다는 주장이 나와 세계를 놀라게 하고 있다.

27일 '뉴욕타임즈', '사이언스', '가디언', 'BBC' 등 주요 언론들의 보도에 따르면 이런 주장을 한 사람은 중국 심천 소재 남방과학기술대학교에 근무하는 중국인 과학자 허 젠쿠이(He Jiankui) 교수다.

그는 "임신촉진 치료를 받던 일곱 커플의 배아에 대해 유전자 편집을 시도했으며, 이 중 한 커플이 출산에 성공했다"고 밝혔다.

그는 또 "유전자 편집 시술을 통해 여자 쌍둥이가 태어났으나 부모가 공개를 원치 않아 정확한 신원은 밝힐 수 없다"고 말했다.

중국 남방과학기술대학에서 '유전자 편집(gene-edited)'을 통해 쌍둥이 여아를 출산했다는 주장이 나와 세계를 놀라게 하고 있다. 사진은 기사 내용과 관련 없음. ⓒgeneticliteracyproject.org

자료: 사이언스타임스

유전자 편집 기술은 미래 산업에 시사하는 바가 많아 많은 과학자들이 주목하고 있다. 하지만 종교계는 물론 학계에서도 유전자 편집을 인간의 배아에까지 적용하는 것에 대해서는 상당히 조심스러운 입장이다. CRISPR/Cas9 등 유전자 가위 기술은 유전자와 유전체를 수정하는 기존의 기술보다도 파급효과가 크기 때문에 제대로 관리되지 않는다면 사회적으로 엄청난 문제를 야기할 가능성이 존재한다.

맺고, 같은 해 오바마 정부는 항생제 다제내성 세균 국가전략을 수립하기도 했다. 다음 해인 2015년 메르스 사태가 발발하자 글로벌보건안보구상GHSA 고위급 회의를 개최하는 등 전 세계적으로 바이오안보의 위험 요인과 사례들이 공유되고 있다.

인간이 인위적으로 만든 세균 등은 언제든지 인류의 잠재적인 위험이 될 수 있다. 과학자들은 이런 세계적 위험들은 복합적인 특성 때문에 '전통안보traditional security'의 관점으로는 파악할 수 없는 새로운 개념의 '신흥안보emerging security' 이슈라고 보고 있다.

과학자들은 합성생물학 등 생명공학기술의 발전이 '약'이 아닌 '칼'이 될 수도 있는 만큼 바이오안보의 중요성을 강조한다. 바이오안보는 생체, 생물학적 시스템, 유전체 등으로부터 유래되는 물질들로부터 다양한 행위자들을 보호하기 위한 조치다.

외교·안보 분야에서 바이오안보는 "의도적intentionally 또는 우발적으로accidentally 살포되거나 자연적으로naturally 발생하는 병원성 미생물pathogenic microbes로부터 다양한 행위자들을 보호하기 위한 조치"로 정의된다.

바이오안보를 해치는 가장 심각한 행위로 우려되는 것은 바로 '바이오테러'다. 이것은 테러 단체 등 비국가행위자에 의한 생물학적 공격으로, 1990년대 초부터 바이오안보의 중요한 이슈로 다뤄지고 있다.

미국 국립연구위원회NRC에서 우려하는 바이오테러 등 바이오안보를 해치는 행위는 ▲백신을 효과 없게 만드는 방법 ▲치료에 유용한 항생제 또는 항바이러스제에 내성을 부여하는 방법 ▲병원균의 독력을 높이거나 비병원체에 독력을 부여하는 방법 ▲병원체의 전파 가능성을 증가시키는 방법 ▲병원균의 숙주범위를 변경하는 방법 ▲진단/검출기법의 회피를 가능하게 하는 방법 ▲생물학적 제제 또는 독소의 무기화 방법 등이다.

하버드대학교 케네디스쿨의 '벨퍼 과학·국제문제센터'는 바

바이오안보를 지키기 위해서는 국가 차원의 대응을 넘어 글로벌 차원의 대응이 반드시 필요하다.

이오안보가 한 국가적 의제가 아니라 전 세계적인 의제임을 강조했다. 벨퍼센터는 바이오안보를 지키기 위해 '생물무기 및 자연질병 발생으로 인한 위협에 대처하기 위한 바이오안보Managing the Microbe 프로젝트'를 기획한 바 있다.

벨퍼센터가 강조한 글로벌 대처 방안은 ▲정부, 민간 부문, 국제 및 비정부기구 간의 부문 간 통합 촉진 ▲바이오 테러 및 기타 위험을 줄이기 위한 단호한 병원균의 통합 및 확보라는 세계적 목표 추진 ▲바이오안보 개선에 중점을 둔 기술 및 의학적 진보를 저해하는 장벽 제거 ▲급속한 과학적 및 기술적 진보와 보조를 맞추기 위해 규범을 업데이트할 것을 지지 ▲글로벌 보건안보 의제를 지지하는 강력한 비정부기구 활동의 개발을 이끌어냄 등 5가지였다.

우리나라는 어떨까? 우리나라는 탄저병(3군 감염병)의 Bacillus anthracis 병원체와 두창(4군 감염병)의 Variola virus, 보툴리눔 독소증(4군 감염병)의 Clostridium botulinum 병원체, 1군 감염병인 페스트의 Yersinia pestis, 바이러스형 출혈열(4군 감염병)의 Marburg virus, Ebola virus, Lassa virus 등 7개의 세균과 바이러스를 바이오테러에 사용될 수 있는 병원체로 지정하고 있다.

한성구 한국과학기술기획평가원 연구위원과 조병관 한국과

학기술원 교수는 2018년 말에 발표한 공동연구 〈합성생물학의 발전과 바이오안보 정책방향〉 보고서를 통해 “대외의존성이 높고 개방돼 합성생물학 등 바이오안보 위험에 일정 정도 노출돼 있는 우리나라의 경우 외교·안보 정책과 바이오안보 정책을 대등한 수준에서 추진할 필요가 있다”라고 주장했다.

이처럼 바이오안보 위험은 초국가적이고 전 세계적인 차원에서 발생하는 만큼 이에 대한 대응체계도 국가 단위를 넘어 주변국과 긴밀히 협의해 구축되어야 한다. 개별 국가의 노력만으로는 충분하지 않으므로 글로벌 차원에서의 대응과 협력이 필수적이다.

MEDICAL

21

엄마 몸 밖에서 태아가 무럭무럭

2017년 4월 필라델피아 아동병원 연구팀은 액체로 가득 찬 비닐백에서 꼼지락거리는 새끼 양의 모습을 세상에 공개했다. 어미의 뱃속에서 너무 일찍 태어난 양이 '바이오백biobag'으로 불리는 인공자궁 속에서 약 4주 동안 머물다 건강한 모습으로 세상살이를 시작한 모습도 함께 보여주었다.

바이오백은 어미 양의 자궁 속 양수와 비슷한 성분의 액체들로 채워졌지만, 태반과 엄마로부터 완전히 분리된 인공자궁이었다. 그 속에서 새끼 양은 호흡하고, 양분을 공급받고, 수영하고 꿈꾸다 깨어나 걸음마를 시작한 것이다.

연구팀은 인공자궁 속에서 태아 양의 폐 발달이 모체 자궁 안

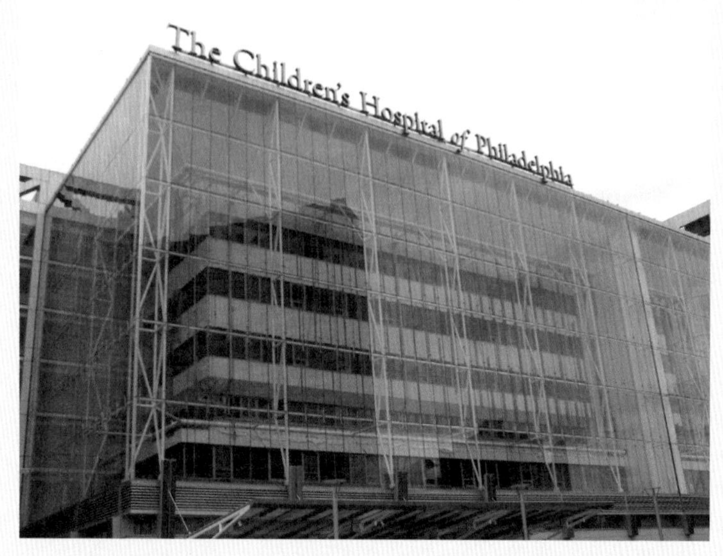

자료: Jeffrey M. Vinocur

2017년 4월 26일 국제학술지 《네이처 커뮤니케이션》은 미국 필라델피아 어린이병원 연구진이 조산으로 태어난 새끼 양 8마리를 '바이오백'이라고 불리는 인공자궁 속에서 4주 동안 생존시키는 데 성공했다고 밝혔다.

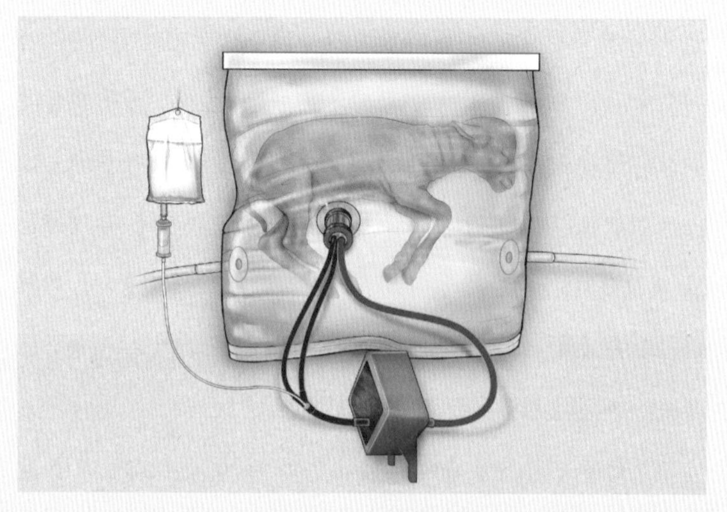

자료: Children's Hospital of Philadelphia

바이오백 속에서 자라고 있는 어린 양의 모습을 표현한 홍보자료.

에서 태아 양의 폐가 발달하는 모습과 매우 유사했으며, 하얀 솜털이 자랄 때까지 성공적인 성장을 보였다고 밝혔다. 또 모체 자궁에 있는 것처럼 정상적으로 양수 호흡을 했고, 용기 바깥에 연결된 체외 순환 시스템이 탯줄 역할을 하여 산소와 영양분을 공급하고 노폐물을 배출했다.

따뜻한 물과 소금으로 만든 양수를 채운 바이오백이 어미 양의 자궁 역할을 해준 것이다. 인공자궁은 태아의 폐와 다른 장기들이 발달할 수 있는 환경을 제공, 초미숙아의 사망률과 장애율을 크게 낮출 수 있을 것으로 기대된다.

인공자궁은 조산아 중에서도 너무 일찍 태어난 미숙아들을 살리기 위해 개발된 기술이다. 임신 24주 내에 태어난 조산아의 생존율은 약 50% 정도인데, 미국에서는 매년 약 3만 명 이상의 아기들이 26주 전에 태어난다고 한다. 연구진은 향후 몇 년 안에 인체 테스트를 시도할 계획도 밝혔다.

인공자궁은 마치 자궁에 양수가 든 것처럼 액체가 가득 담겨진 독특한 용기다. 멸균 상태로 내부의 온도가 조절되는 이 용기는 생리학적으로 필요한 요소들을 공급해주는 맞춤 기계와 연결되어 있다. 호흡 기능이 완성되지 않은 미숙아는 스스로 생존할 수 없기 때문에 인공자궁 안에서 성장한다.

인공자궁이 생명 탄생을 인공적으로 재현한 셈이라고는 하나

상용화까지는 갈 길이 멀다. 모체의 자궁은 늘어나거나 줄어드는 과정을 반복하면서 아기가 자라기 좋은 환경을 제공하는 반면 기계장치에 연결된 인공자궁은 아무래도 모체와 똑같은 환경을 지속적으로 제공하기는 어렵기 때문이다.

성인들도 체외 순환을 오래 지속하면 여러 합병증을 앓게 된다. 미숙한 태아가 이런 환경을 제대로 견뎌내기는 어려울 것이다. 장기간 인공자궁에 머무를 경우 아무래도 원활하게 성장하기는 어렵다고 봐야 한다. 그래서 인체 테스트가 필요하다.

실험을 통해 나타난 데이터로 인공자궁의 단점을 지속적으로 보완해나가야 하는 것이다. 과학자들은 인공자궁이 10년 후면 상용화돼 자궁에 손상을 입은 여성들과 출산의 고통을 두려워하는 여성들도 아기를 가질 수 있을 것이라고 전망한다.

조산율을 줄이기 위한 실험에서 시작된 인공자궁 개발은 2017년 영국 케임브리지대학교 연구팀이 인간 자궁내막 조직에서 채취한 세포를 배양해 '인공 자궁내막'을 만들어내면서 한 걸음 더 나아가게 되었다. 단순한 인큐베이터 역할에 그친 바이오백을 넘어 진짜 인공자궁을 개발할 수 있게 된 것이다. 이는 정자와 난자만 있다면 모체가 없어도 인간을 만들어낼 수 있다는 의미다.

체외 수정란을 모체의 자궁이 아닌 인공자궁에 직접 심으면

올더스 헉슬리는 1932년 반유토피아적 소설, 《멋진 신세계》에서 유전자 조작으로 인공자궁을 통해 사람들이 태어나는 미래의 런던 사회를 그렸다. 계급과 지위, 직업은 태어날 때부터 이미 결정되어 있으며 사람들은 쾌락을 추구할 뿐이다. 이 작품은 과학과 기술의 위험성을 알려주는 대표적인 텍스트다.

되는 것이다. 영국의 생리학자인 존 스콧 홀데인은 자신의 논문에서 "2074년 안에 인공자궁에서 출산이 발생하고, 인간 출생의 단 30%만이 자연적인 출생을 할 것"이라고 예측하기도 했다.

인공자궁 기술 상용화는 초미숙아의 생존과 정상화를 위한 치료, 아기를 간절하게 원하는 난임, 불임, 퀴어 부부에게 희소식이 될 것이 분명하다.

물론 기대가 크면 걱정도 커지기 마련이다. 종교계에서는 인간 복제 논란과 함께 인간 존엄성 문제에 대한 경고를 보내고 있다. 의학계 일부에서 인공자궁을 통해 과연 건강한 태아가 태어날 수 있을 것인가를 두고 염려하는 목소리도 있다. 생명과학은 머지않은 미래에 현실화될 가족 문제와 윤리 논쟁 속에서 어떤 대안을 제시할 수 있을까?

MEDICAL

22

미래 생명, 정자-난자 없어도 된다?

인공자궁 기술은 초미숙아의 생존과 치료, 불임과 난임 부부 등에게는 희소식이다. 그러나 인간 복제에 대한 논란, 건강한 아이가 탄생할 수 있을지에 대한 걱정은 여전히 남는다.

문제는 인공자궁 기술만이 가까운 미래를 바꾸는 것이 아니라는 데 있다. 과학자들은 난자와 정자가 아닌 피부세포로부터 아기를 만들어낼 수 있는 시대가 올 수 있다고 예측한다. 과학자들이 이런 예상을 하는 것은 다 이유가 있다. 이미 예측 가능한 데이터가 쌓였기 때문이다.

2011년 3월 일본 요코하마대학교 오가와 타케히코 박사가 실험용 생쥐를 이용해 수정이 가능한 성숙한 정자를 시험관에서 만드는 데 성공했고, 2016년 2월 중국과학원 연구팀은 실험실에서 만든 인공 정자를 난자에 주입해 건강한 쥐를 출산하게 하는 데 성공했다.

이 쥐 세포들은 꼬리가 없고, 헤엄을 칠 수 없는 발달되지 않은 정자 세포였다. 그렇지만 체외수정 기법 중 하나인 난자 세포질 내 정자 주입술을 활용해 인공 정자를 쥐의 난자에 주입한 뒤 배아를 성공적으로 만들어낸 것이다.

쥐는 어려운 과정을 거쳐 태어났지만 무척 건강했다. 이런 생명과학 기술이 갖는 의미는 엄청나다. 과학적으로 남성에게 불

2019년 인도에서는 73세 여성이 체외수정을 통해 딸 쌍둥이를 출산했다. 이는 세계 최고령 출산 기록으로 알려졌다. 우리나라에서는 2011년 55세 여성이 체외수정으로 쌍둥이를 출산하여 국내 최고령 산모가 되었다.

임 가능성이 있더라도, 혹은 아예 남성이란 존재가 없더라도 여성들이 건강한 아기를 가질 수 있게 된다는 의미이기 때문이다.

연구팀은 "초기 단계 동물실험이지만 같은 결과가 인체에서 발생할 경우, 암 치료나 볼거리 같은 감염 질환에 의해 수태 기능이 손상됐거나 정자 생성을 할 수 없게 만드는 결손이 있는 남성들에게 큰 도움이 될 수 있을 것"이라고 밝혔다.

2016년 9월 영국의 과학자들은 정상적인 난자 세포를 사용하지 않고도 성공적으로 쥐를 번식시켰다고 발표해 파문을 일으켰다. 정자를 사용해 일종의 생육불능 배아를 수정시켰는데 이들이 마치 정상 세포처럼 번식했다는 것이다. 연구팀은 특수 화학물질을 사용해 이를 배아로 발전시킨 뒤 대리모에게 이식하여 새로운 쥐를 탄생시켰다고 한다.

이런 일련의 연구 결과는 가히 충격적이다. 정자와 난자가 없이도 생식이 가능하다는 논리가 성립되기 때문이다. 배양접시 안에서 정자와 난자를 만들어 수정시키는 방법을 '시험관 배우자형성IVG, In-Vitro Gametogenesis'이라고 한다. 이 기술은 '시험관 아기'를 뛰어넘는 또 다른 과학혁명이라고 할 수 있다.

임상실험을 거쳐 상용화되기까지 갈 길이 한참이지만, 미래 가족의 모습을 크게 바꿀 수 있는 혁신적인 기술이라고 할 수 있다.

뺨이나 팔에서 채취한 피부세포를 생식세포로 변환시킨 후 인공 정자와 인공 난자로 성장시킨다. 성장한 정자와 난자를 수정시켜 배아가 만들어지면 이를 자궁 안에 이식해 출산하는 방식이다. 불임 부모들은 이런 방법을 거쳐 '생물학적 부모biological parents'가 될 수 있다.

미래에는 단 한 명의 어머니나 아버지를 통해서 아기가 탄생할 수 있게 될 것이다. 동성 커플의 경우 생물학적으로 둘 모두의 유전자를 가진 아기를 가질 수도 있다. 남편과 사별한 여성이라 할지라도 죽은 남성의 빗에서 머리카락을 채취해 남편의 유전자를 가진 아기를 낳을 수 있게 된다.

과학자들은 5년 이내에 성인 줄기세포를 활용해 난자를 구성하는 세포를 만들 수 있고, 10~20년 후면 IVG 시술이 보급될 수 있을 것이라고 예상한다. 그때는 전통적인 가족은 사라지고, 필요에 의해 원하는 아기를 가질 수 있게 될 것이다.

과연 인류는 유전자 편집기술이 첨가된 IVG 기술을 받아들일 수 있을까? 의학적으로 의미 있는 효과가 예상된다고 하더라도 사회적인 파장은 엄청날 것이다.

부모의 피부 세포를 통해 무제한의 배아를 생산할 수 있고, 부모가 아이의 특정 형질에 기반을 두고 배아를 디자인할 수도 있다. 이른바 '맞춤형 아기'가 탄생할 수 있다는 말이다. 실현 가능성에 앞서 사회적인 합의와 대안 마련이 선행돼야 할 부분이다.

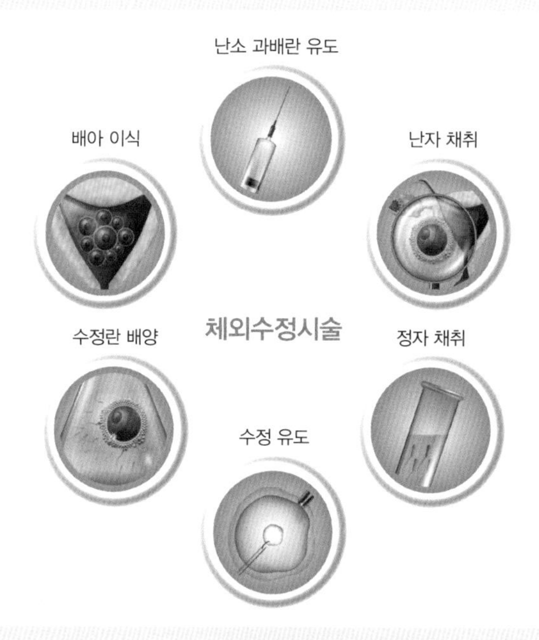

1978년 7월 25일 세계 최초의 시험관 아기test-tube baby인 루이스 브라운Louise Brown이 태어났다. 1950년대부터 불임 치료의 방안으로 체외수정시술IVF, in vitro fertilization 연구를 지속한 영국 케임브리지대학교 로버트 에드워즈Robert Edwards 박사에게 노벨위원회는 2010년 노벨 생리의학상을 수여했다.

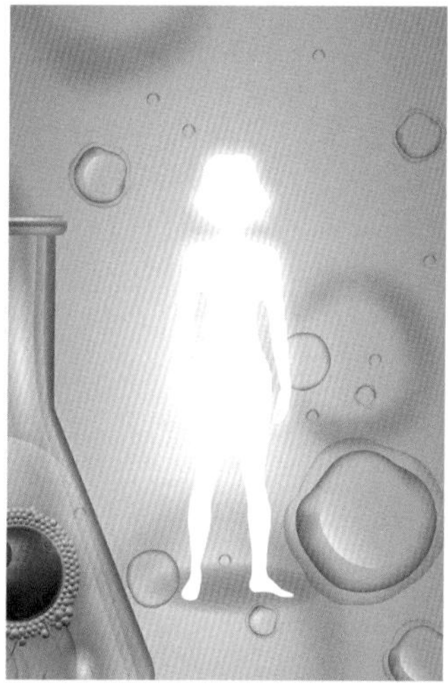

과학자들은 난자와 정자가 아닌 피부세포로부터 아기를 만들어낼 수 있는 미래를 예측하고 있다. 정자와 난자 없이 생명이 탄생하는 미래에 가족은 어떤 의미일까?

1978년 7월 25일, 영국 올드햄 병원에서 2.6kg의 건강한 여아가 태어났다. 체외수정을 통해 태어난 최초의 시험관 아기였다. 이때부터 인간은 점점 신의 영역으로 나아가기 시작했다. 격렬한 생명윤리 논쟁도 벌어졌다. 과학은 점점 더 나아가지만, 관련된 논쟁은 42년이 지난 지금까지 별다른 진척이 없다.

가까운 미래에 가족과 연애, 사랑의 의미는 지금과 사뭇 달라질 것이 분명하다. 생명과학 기술의 발전과 관련된 논쟁도 진척을 보여야 할 시점이다. 과학과 인문학이 함께 발전해야 하는 이유이기도 하다.

MEDICAL

23

'로봇 손'이 아픔을 느낀다

인간과 로봇의 차이점은 많다. 스스로 생각하는 것과 감정을 느끼는 것, 그리고 고통을 느끼는 것 등이 인간이 로봇과 다른 점이라고 할 수 있다.

미국 존스홉킨스대학교 연구팀은 2018년 로봇 손에 부착할 수 있는 통증을 감지하는 '전자피부e-dermis'를 개발해 의료계의 찬사를 받았다. 의료계가 이 연구팀에 찬사를 보낸 이유는 무엇일까? 이 기술을 이용하면 장애인이 로봇 손을 실제 손처럼 느낄 수 있고, 로봇 손을 사용하더라도 위험을 감지해 회피할 수 있기 때문이다.

손발 등을 절단한 사람들은 절단된 신체 부위에서 느껴지는 환상과도 같은 통증, 즉 '환상통Phantom Pain'을 경험한다고 한다. 환상통의 원인이나 치료방법이 명확하지 않아 많은 절단 환자들이 고통을 호소하고 있는데, 통증을 감지하는 전자피부는 그 해결책이 될 수 있다고 한다. 통증을 느끼는 전자피부를 적용한 의족이나 의수를 통해 진짜 팔이나 다리가 달렸을 때 느꼈던 감각을 되찾을 수 있어 환상통이 사라지는 것이다.

전자피부를 로봇 의수에 장착하면 손가락 끝에서 오는 촉감

로봇은 체코어 'robota'에서 유래한 이름이다. 1921년 체코의 작가 차페크가 쓴 《R. U. R.》이라는 희곡에 나오는 기계노동자를 뜻하는 말이었다. 차페크가 생각한 로봇은 기계 부품이 아니라 생물학적으로 디자인된 형태였다.
인류 최초의 로봇은 그리스 신화에 나오는 탈로스Talos일 것이다. 탈로스는 스스로 생각하고 판단하는 능력을 갖추었고 하루 3번씩 크레타섬을 순찰하는 임무를 맡았다. 오늘날의 시각에서 보면 상당한 수준의 인공지능을 갖춘 셈이다. 신화와 전설, 그리고 작품 속에 등장하는 각종 로봇에 대한 관점은 시대상과 사람의 상상력이 어우러진 결과라고 할 수 있다.

RESEARCH ARTICLE SENSORS

Prosthesis with neuromorphic multilayered e-dermis perceives touch and pain

Luke E. Osborn[1,*], Andrei Dragomir[2], Joseph L. Betthauser[3], Christopher L. Hunt[1], Harrison H. Nguyen[1], Rahul R. Kaliki[1,4] an...
+ See all authors and affiliations

Science Robotics 20 Jun 2018:
Vol. 3, Issue 19, eaat3818
DOI: 10.1126/scirobotics.aat3818

Article | Figures & Data | Info & Metrics | eLetters | PDF

Figures

▾ Supplementary Materials ▾ Additional Files

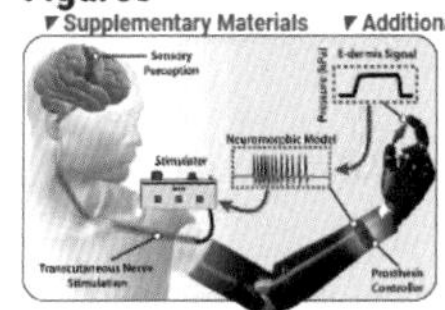

Fig. 1 Prosthesis system diagram.

Tactile information from object grasping is transformed into a neuromorphic signal through the prosthesis controller. The neuromorphic signal is used to transcutaneously stimulate peripheral nerves of an amputee to elicit sensory perceptions of touch and pain.

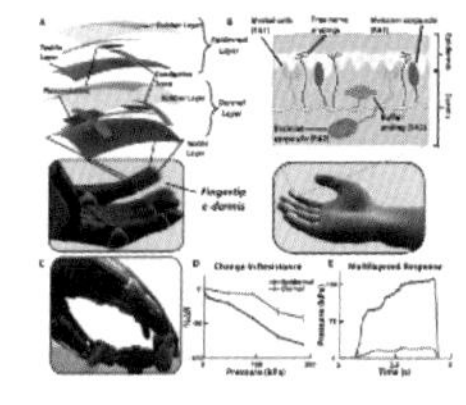

Fig. 2 Multilayered e-dermis design and characterization.

(**A**) The multilayered e-dermis is made up of conductive and piezoresistive textiles encased in rubber. A dermal layer of two piezoresistive sensing elements is separated from the epidermal layer, which has one piezoresistive sensing element, with a 1-mm layer of silicone rubber. The e-dermis was fabricated to fit over the fingertips of a prosthetic hand. (**B**) The natural layering of mechanoreceptors in healthy glabrous skin makes use of both RA and SA receptors to encode the complex properties of touch. Free nerve endings (nociceptors) that are primarily responsible for conveying the sensation of pain in the fingertips are also present in the skin. (**C**) The prosthesis with e-dermis fingertip sensors grasps an object. (**D**) The epidermal layer of the multilayered e-dermis design is more sensitive and has a larger change in resistance compared with the dermal layer. (**E**) Differences in sensing layer outputs are captured during object grasping and can be used for adding dimensionality to the tactile signal.

자료: Science Robotics

2018년 6월 20일 학술지 《사이언스 로봇공학》은 미국 존스홉킨스대학교 연구팀이 촉감은 물론 통증까지 느낄 수 있는 의수를 개발했다는 연구 결과를 실었다. 연구팀이 만든 의수는 절단된 팔의 근육이 만들어내는 근전도 신호를 감지하여 14가지 동작을 할 수 있을 뿐아니라 전자피부가 씌워져 있어 촉각, 통각은 물론 온도까지 감지할 수 있다.

을 장애인들이 느낄 수 있게 된다. 천과 고무 사이에 센서를 달아 신경 말단을 모방한 전자피부는 촉감과 통증까지도 감지해 말초신경에 전달한다.

인체에 손상을 주지 않는 '경피 신경 전기자극TEN'을 장애인의 전자피부에서 나오는 신호와 연결, 장애인과 로봇 손이 끝이 뾰족한 물체와 접촉할 때 오는 통증이나 둥근 물체를 만질 때의 일반적인 촉감 등에 반사 반응을 하게 된다.

연구팀을 이끈 니티시 타코르 생명의학공학과 교수는 "전자피부는 장애인의 피부를 통해 신경으로 전기 자극을 줘 인체에 전혀 손상을 주지 않는다"면서 "실험자의 뇌파 측정을 통해 실험에 참가한 장애인이 전자피부를 단 로봇 손을 통해 수술로 절단한 손이 아직도 있는 것처럼 느낀다는 것을 확인했다"라고 전했다.

연구팀은 전자피부 기술이 로봇 시스템을 더욱 인간과 흡사하게 만들 수 있고, 우주인의 장갑이나 우주복으로도 확장할 수 있다고 보고 이 기술을 활용할 수 있는 다양한 방법을 함께 연구하고 있다고 밝혔다.

MEDICAL

24

환상통 치료, 환자를 속이는 게임?

의학적으로 완치 판정을 받고난 이후에도 고통을 호소하는 사람이 있다. 주로 신체의 일부분을 절단한 사람들이다. 이들이 느끼는 극도의 통증을 '환상통' 또는 '환지통 phantom limb pain'이라고 한다. 극도의 통증을 느꼈던 신체 부위나 절단된 부위에서 느껴지는 환상과도 같은 통증으로 절단환자의 50~80%가 겪을 정도로 심각한 질병이다.

절단된 부위의 불편한 이물감부터 진통제도 소용없는 극도의 통증까지 환상통의 강도와 종류는 천차만별이다. 의족이나 의수를 달았을 때 원래 팔이나 다리보다 짧거나 뒤틀린 것처럼 느끼기도 하고, 더위나 추위, 간지러움, 압착, 쓰라림, 쑤시는 아픔,

짓누르는 감각 등 상상할 수 있는 모든 고통을 경험하기도 한다.

흔히 사지가 절단된 환자들이 겪는 고통이지만, 유방 절제술이나 자궁경부 절제술 등 장기 절제술을 받은 환자 중에 환상통을 호소하는 이들도 있다.

완치 판정을 받은 이후에도 고통을 호소하니 주변 사람들은 꾀병이라고 오해하기도 한다. 의사들도 원인을 모르기 때문에 치료법도 명확하지 않다. 이런 상황이다 보니 고통을 당하는 환자의 입장에서는 '환장할 노릇'이라고 해서 '환장통'이라고도 한다.

인간이 고통을 느끼는 것은 촉각 신호를 받는 뇌의 '체감각 피질'의 활동 때문이다. 피부에 자극을 가하면 피부는 감각 신호를 뇌로 보내고, 체감각 피질에서 이 신호를 접수하면 자극을 느끼게 되는 것이다. 그런데 팔이 사라져도 뇌의 체감각 피질은 계속 남아 일을 하게 된다. 팔의 감각을 담당하는 피질은 팔에서 오는 감각 신호를 받지 못하지만, 다른 신체에서 오는 감각 신호는 받아들인다. 그러면서 피질이 점점 헷갈리게 된다. 다른 부위에서 오는 감각 신호를 팔에서 오는 신호로 착각하기도 하고, 과거의 팔이 보냈던 신호를 기억해내기도 하면서 환상통을 불러오는 것이다.

영화나 드라마에 이런 고통을 겪는 등장인물이 나오기도 한다. 미국의 인기 드라마 〈하우스〉의 주인공 그레고리 하우스 박사는 지뢰로 팔을 잃은 뒤 20년 넘게 환상통에 시달리는 괴팍한 성격의 집주인과 갈등을 겪는다. 하우스 박사의 선택은 납치였다. 집주인을 납치한 뒤 거울을 이용해 환상통을 강제로 치료해 준다. 고통에서 벗어나게 된 집주인은 하우스 박사에게 집세를 받지 않을 정도로 고마워하게 된다는 에피소드가 있다.

하우스 박사가 수행한 거울치료법은 환자의 뇌가 신체 일부분을 잃었다는 사실을 깨닫게 하는 방법이다. 거울 칸막이가 설치된 상자에 남은 환자의 팔을 넣었다 빼면서 반대쪽 팔이 생겼다가 없어지는 모습을 보여준다. 이런 과정을 여러 차례 거치면서 환자의 뇌가 팔이 없어졌다는 사실을 받아들이게 하는 것이다.

이 치료법은 미국 캘리포니아대학교 빌라야누르 라마찬드란 박사가 주장한 환상통 치료법이다. 환자의 눈과 마음을 속여 있는 것과 없는 것, 몸과 마음의 경계를 허물도록 하는 일종의 심리치료다.

거울을 이용한 환상통 치료법은 '속임약 효과placebo effect'처럼 환자의 두뇌를 속이는 방법이다. 그런데 이 치료법은 양팔과 양다리가 잘린 환자에게는 효과가 없다. 거울에 비출 수 있는 신체 부위가 아예 없어 잘린 부위를 허상으로 보여줄 수 없기 때문이다.

최근에는 남은 팔로 게임 속의 차를 조작하는 게임을 통해 환

환상통을 심리 문제, 즉 마음의 문제로 인식하던 때도 있었다. 하지만 현재는 환상통의 원인을 뇌로 인식하고 치료하는 방법이 제안되고 있다. 사진은 환상통 치료를 위해 거울을 활용하는 모습.

《라마찬드란 박사의 두뇌 실험실》이란 책에서 라마찬드란 박사는 거울을 활용해 일종의 '가상현실 장치'를 만들어 환상통을 치료한 방법을 알려준다. 그가 고안한 방법은 두뇌가 환상사지phantom limb를 잊어버리도록 뇌를 속이는 것이었다. "뇌 스스로 납득할 때 비로소 치료할 수 있다"라는 그의 생각에서 인간의 본성과 마음에 대한 통찰을 엿보게 된다.

자료: Beatrice Ring

자가 순간적으로 팔이 다시 생겼다가 없어졌다가 하는 감각을 느끼게 함으로써 환상통을 치료하는 방법, 마음속에 특정 멜로디를 떠올리면서 그 음악에 맞춰 걷는 운동을 하는 치료법 등이 개발되고 있다.

MEDICAL
25

알레르기 유발 성분 함유 화장품, 발라도 돼?

화장품이 우리의 생활필수품이 된 지 오래다. 법률은 "화장품은 인체를 청결·미화하여 매력을 더하고 용모를 밝게 변화시키거나 피부·모발의 건강을 유지 또는 증진하기 위하여 인체에 바르고 뿌리는 등 이와 유사한 방법으로 사용되는 물품으로 인체에 대한 작용이 경미한 것을 말한다"라고 개념을 정의한다.

이런 법률적 해석보다는 대한화장품협회의 풀이가 보다 직관적이고 이해하기도 쉽다. "화장품은 피부와 모발을 깨끗하고 건강하게 해주는 등 육체적 건강에 매우 중요하고 직접적인 역할을 하며, 정신적 건강에도 긍정적인 영향을 미친다"라고 의미를 부여하고 있기 때문이다.

화장을 하는 행위인 '메이크업makeup'에 대해 협회는 "피부를 보다 아름답고 건강하게 보이게 해주며, 개성과 매력을 표현함으로써 자신의 몸에 대해 보다 자신감을 가지고 사회적으로 생기 있는 활동을 하는데 큰 도움을 준다"라는 해석을 내놓는다.

법률이 '인체에 대한 작용이 경미한 것'이라는 단서를 넣어 안전을 중요하게 판단한 반면 협회는 '육체적·정신적 건강에 긍정적인 영향을 미친다'는 실용적인 효능에 방점을 찍어 '생활필수품'이라는 점을 강조하고 있다.

이를 종합하면 화장품은 '안전이 중요시되는 생활필수품'으로 이해할 수 있을 것이다. 안전이 중요한 이유는 화장품에 각종 화학성분이 함유돼 있어 자칫 인체에 나쁜 영향을 미칠 수 있기 때문이다. 실제로 소비자들은 안전성 여부에 민감할 수밖에 없다.

그런데 2020년 연초부터 '알레르기 유발 성분이 함유된 화장품'에 대한 논란이 발생했다. 개정된 '화장품법 시행규칙'에 따라 화장품에 사용된 향료 구성 성분 중 식품의약품안전처가 정한 '알레르기 유발 성분 25종'에 대해 성분명을 표시하도록 했기 때문이다.

식약처가 고시한 착향제 구성 성분 중 알레르기 유발 성분은 다음과 같다. ▲아밀신남알 ▲벤질알코올 ▲신나밀알코올 ▲시

2010년 스페인에서 네안데르탈인의 주거지역으로 추정되는 곳에서 나온 조개껍데기 안에서 영국 연구팀은 화장품으로 추정되는 붉은색 파우더를 발견했다. 연구팀은 이를 5만 년 전 네안데르탈인들이 화장을 한 증거로 보고 논문을 발표했다. 일반적으로 화장은 이집트 시대에 종교적 목적에서 널리 행해진 것으로 알려졌다.

트랄 ▲유제놀 ▲하이드록시시트로넬알 ▲이소유제놀 ▲아밀신나밀알코올 ▲벤질살리실레이트 ▲신남알 ▲쿠마린 ▲제라니올 ▲아니스에탄올 ▲벤질신나메이트 ▲파네솔 ▲부틸페닐메칠프로피오날 ▲리날룰 ▲벤질벤조에이트 ▲시트로넬롤 ▲헥실신남알 ▲리모넨 ▲메칠2-옥티노에이트 ▲알파-이소메칠이오논 ▲참나무이끼추출물 ▲나무이끼추출물 등 25종이다.

이 성분명 표시가 소비자들의 혼란을 유발했다. 이러한 성분 중 하나만 표시돼 있어도 알레르기를 유발하기 때문에 사용해서는 안 되는 화장품인 것으로 잘못 이해하는 소비자들이 생겼기 때문이다.

알레르기 유발 성분을 제품에 표시하는 이유는 특정 성분에 알레르기가 있는 소비자들이 제품을 선택할 때 도움을 주기 위해서다. 특정 성분에 알레르기가 있다면 그 성분이 들어 있지 않은 제품을 선택할 수 있도록 정보를 제공하여 돕기 위한 방편이다.

알레르기는 특정 물질에 대해 항체를 만들어내는 면역 반응이다. 모든 사람에게 발생하는 것이 아니라 특정 성분에 알레르기 반응을 일으키는 사람에게만 해당되는 사안이다. 또 알레르기 유발 성분이라고 해서 피부에 해로운 영향을 미치는 것은 아니다. 어떤 이에게 알레르기를 유발하는 땅콩, 우유, 복숭아를 해로운 음식으로 보지 않는 것과 마찬가지다. 알레르기 유발 성분 자체는 해롭거나 피해야 할 성분이 아니다.

만약 어떤 화장품을 사용한 후 피부 트러블이 발생했더라도 알레르기에 의한 것이 아닐 가능성이 크다. 대부분의 화장품 트러블은 피부 자극에 의한 일시적인 접촉성 피부염이기 때문이다. 가벼운 증상은 접촉을 피하는 것만으로도 쉽게 사라진다.

알레르기 유발 성분 표시를 확인하고도 알레르기가 일어날지 아닐지 확신하지 못한다면, 미리 테스트해볼 수 있다. 화장품을 사용하기 전 팔 안쪽이나 귀 뒷부분 등 피부의 부드러운 부분에 적당량을 바르고 48시간 동안 반응을 테스트한 후에 사용 여부

자료: 한국소비자원

한국소비자원은 화장품 사업자 정례협의체 및 (사)대한화장품협회와 공동으로 화장품 알레르기 유발 성분 표시에 대한 소비자 안전정보를 카드뉴스 형태로 제작했다.

를 결정하는 것이다.

알레르기 유발 성분을 제품에 표시하는 것은 특정 성분에 알레르기가 있는 소비자의 건강을 지켜주기 위한 정보 제공 차원의 조치일 뿐이다. 알레르기가 없는 사람들은 알레르기 유발 성분이 함유된 화장품을 사용하는 데 두려움을 느낄 필요가 없다.

참고 자료

도서 자료

다카하시 도루 지음, 김은혜 옮김, 《로봇 시대에 불시착한 문과형 인간》, 한빛비즈, 2018.

수피 지음, 《다이어트의 정석》, (주)한문화멀티미디어, 2018.

________, 《헬스의 정석》, (주)한문화멀티미디어, 2019.

신영준 외 지음, 《통합과학 교과서 뛰어넘기1~2》, 해냄, 2020.

안데르스 한센 지음, 김성훈 옮김, 《움직여라 당신의 뇌가 젊어진다》, 반니, 2018.

장재연 지음, 《공기 파는 사회에 반대한다》, 동아시아, 2019.

조천호 지음, 《파란 하늘 빨간 지구》, 동아시아, 2019.

인터넷 사이트 자료

가정상비약

https://news.sbs.co.kr/news/endPage.do?news_id=N1000155486
→ https://bit.ly/36ft6mF

http://health.chosun.com/site/data/html_dir/2017/02/01/2017020102566.html
→ https://bit.ly/2Tmij50

https://m.post.naver.com/viewer/postView.nhn?volumeNo=10542667&memberNo=35540755&searchKeyword=%EA%B0%80%EC%A0%95%20%EC%83%81%EB%B9%84%EC%95%BD%20%EC%9C%A0%ED%9A%A8%EA%B8%B0%EA%B0%84&searchRank=3
→ https://bit.ly/2zPc6rx

https://m.post.naver.com/viewer/postView.nhn?volumeNo=9841394&memberNo=35540755&vType=VERTICAL
→ https://bit.ly/2X91bRk

https://m.post.naver.com/viewer/postView.nhn?volumeNo=16777527&memberNo=35098035&searchKeyword=%EA%B0%80%EC%A0%95%20%EC%83%81%EB%B9%84%EC%95%BD%20%EC%9C%A0%ED%9A%A8%EA%B8%B0%EA%B0%84&searchRank=5
→ https://bit.ly/3g5A42f

https://m.post.naver.com/viewer/postView.nhn?volumeNo=11133757&memberNo=8885713&searchKeyword=%EA%B0%80%EC%A0%95%20%EC%83%81%EB%B9%84%EC%95%BD%20%EC%9C%A0%ED%9A%A8%EA%B8%B0%EA%B0%84&searchRank=10
→ https://bit.ly/36muBzK

https://m.post.naver.com/viewer/postView.nhn?volumeNo=14146735&memberNo=39244748&searchKeyword=%EA%B0%80%EC%A0%95%20%EC%83%81%EB%B9%84%EC%95%BD%20%EC%9C%A0%ED%9A%A8%EA%B8%B0%EA%B0%84&searchRank=8
→ https://bit.ly/2XeoNUx

거북의 장수·텔로미어

https://www.sciencetimes.co.kr/?news=%ea%b0%88%eb%9d%bc%ed%8c%8c%ea%b3%a0%ec%8a%a4-%ea%b1%b0%eb%b6%81-%ec%9e%a5%ec%88%98%ec%9d%98-%eb%b9%84%eb%b0%80%ec%9d%80
→ https://bit.ly/2yidLoV

https://m.post.naver.com/viewer/postView.nhn?volumeNo=17244457&memberNo=36236175&searchKeyword=%EA%B1%B0%EB%B6%81%EC%9D%98%20%EC%9E%A5%EC%88%98&searchRank=4
→ https://bit.ly/2z4elHt

https://m.post.naver.com/viewer/postView.nhn?volumeNo=19965149&memberNo=41062464&searchRank=29
→ https://bit.ly/2TpcNi9

겨울 건강·체감온도

http://health.chosun.com/site/data/html_dir/2018/12/26/2018122600905.html
→ https://bit.ly/36chml9

http://www.ikunkang.com/news/articleView.html?idxno=31344
→ https://bit.ly/2zMQmwf

https://www.kma.go.kr/HELP/basic/help_01_07.jsp
→ https://bit.ly/3dSNL2s

https://web.kma.go.kr/weather/lifenindustry/jisutimemap_A03.jsp
→ https://bit.ly/2LFVLb6

겨울잠

http://scent.ndsl.kr/site/main/archive/article/개구리와-곰의-겨울잠은-다르다
→ https://bit.ly/2WMlGVb

https://www.bbc.co.uk/iplayer/episode/b04kg07y/aithne-air-ainmhidheanall-about-animals-series-1-2-gus-am-mathan-molachgus-the-grizzly-bear
→ https://bbc.in/2TytMPd

https://news.joins.com/article/12967972
→ https://bit.ly/3fXMAAZ

https://hellodd.com/?md=news&mt=view&pid=60359
→ https://bit.ly/2yhtrZG

https://www.ibabynews.com/news/articleView.html?idxno=68907
→ https://bit.ly/3cKFQV1

http://dongascience.donga.com/news/view/22751
→ https://bit.ly/2Xn2uMP

https://www.youtube.com/watch?v=sHH_pEsZmB4
→ https://bit.ly/2Wl0gbx

https://www.youtube.com/watch?v=TVZjYbbnZGw
→ https://bit.ly/2AGCpAx

http://lg-sl.net/product/infosearch/curiosityres/readCuriosityRes.mvc?curiosityResId=HODA2013050035
→ https://bit.ly/3g3yT3t

http://weekly.chosun.com/client/news/viw.asp?nNewsNumb=002587100017&ctcd=C08
→ https://bit.ly/36my69r

공기정화 식물

https://m.post.naver.com/viewer/postView.nhn?volumeNo=17115431&memberNo=4328593&searchKeyword=%EA%B3%B5%EA%B8%B0%EC%A0%95%ED%99%94%20%EC%8B%9D%EB%AC%BC&searchRank=10
→ https://bit.ly/2yglSkH

https://m.post.naver.com/viewer/postView.nhn?volumeNo=25988794&memberNo=46148903&searchKeyword=%EA%B3%B5%EA%B8%B0%EC%A0%95%ED%99%94%20%EC%8B%9D%EB%AC%BC&searchRank=12
→ https://bit.ly/2z6hGWu

https://m.post.naver.com/viewer/postView.nhn?volumeNo=18692964&memberNo=3551273&searchKeyword=%EA%B3%B5%EA%B8%B0%EC%A0%95%ED%99%94%20%EC%8B%9D%EB%AC%BC&searchRank=13
→ https://bit.ly/2zXX6HB

http://scent.ndsl.kr/site/main/archive/article/식물의-공기-정화-효과는-과장됐다
→ https://bit.ly/2Xcniq1

http://www.hani.co.kr/arti/science/science_general/917856.html
→ https://bit.ly/3g4z3rh

http://www.astronomer.rocks/news/articleView.html?idxno=88340
→ https://bit.ly/3cOEPLs

근육통 · 인터벌 트레이닝

https://m.post.naver.com/viewer/postView.nhn?volumeNo=16084307&memberNo=8885713&vType=VERTICAL
→ https://bit.ly/3cMeZrp

http://scent.ndsl.kr/site/main/archive/article/고강도-운동-무조건-좋은-것만은-아냐
→ https://bit.ly/3cKVtM9

http://scent.ndsl.kr/site/main/archive/article/가성비-최고인-운동-인터벌-트레이닝
→ https://bit.ly/2WNx17r

https://m.post.naver.com/viewer/postView.nhn?volumeNo=11946263&memberNo=28656674&searchKeyword=%EC%9A%B4%EB%8F%99%ED%9B%84%EA%B7%BC%EC%9C%A1%ED%86%B5&searchRank=3
→ https://bit.ly/3g4Wgt9

https://m.post.naver.com/viewer/postView.nhn?volumeNo=5000331&memberNo=11714168&searchKeyword=%EA%B7%BC%EC%9C%A1%ED%86%B5&searchRank=1
→ https://bit.ly/2zRZFuK

https://m.post.naver.com/viewer/postView.nhn?volumeNo=323370&memberNo=4060767&clipNo=0&searchKeyword=인터벌 트레이닝&searchRank=3
→ https://bit.ly/2WKBTtV

https://m.post.naver.com/viewer/postView.nhn?volumeNo=7962388&memberNo=11714168
&searchKeyword=%EC%9D%B8%ED%84%B0%EB%B2%8C%20%ED%8A%B8%EB%A0%88
%EC%9D%B4%EB%8B%9D&searchRank=4
→ https://bit.ly/369Ue6L

https://m.post.naver.com/viewer/postView.nhn?volumeNo=4380335&memberNo=2975908
2&searchRank=25
→ https://bit.ly/3e0jTBj

다이어트 · 불포화지방산 · 탄수화물 · 간헐적 단식

https://m.post.naver.com/viewer/postView.nhn?volumeNo=16499573&memberNo=2992218
2&vType=VERTICAL
→ https://bit.ly/2AHflBF

https://m.post.naver.com/viewer/postView.nhn?volumeNo=16534231&memberNo=257869
04&searchKeyword=%EB%B6%88%ED%8F%AC%ED%99%94%EC%A7%80%EB%B0%A9%
EC%82%B0&searchRank=16
→ https://bit.ly/2zNLDdS

http://scent.ndsl.kr/site/main/archive/article/새해-운동-결심-조금이라도-꾸준히-하자
→ https://bit.ly/2AlzEyD

https://m.post.naver.com/viewer/postView.nhn?volumeNo=27815627&member
No=28656674
→ https://bit.ly/3bPo4ic

http://news.kmib.co.kr/article/view.asp?arcid=0012792141&code=61121911&cp=nv
→ https://bit.ly/3cVoXqR

https://www.ytn.co.kr/_ln/0103_201901211948403127
→ https://bit.ly/2WJeDfW

http://scent.ndsl.kr/site/main/archive/article/탄수화물-무조건-나쁜-것만은-아냐
→ https://bit.ly/2yeF0kn

https://namu.wiki/w/%ED%83%84%EC%88%98%ED%99%94%EB%AC%BC
→ https://bit.ly/2X7kVEZ

https://m.post.naver.com/viewer/postView.nhn?volumeNo=16240787&memberNo=432859
3&searchKeyword=%ED%83%84%EC%88%98%ED%99%94%EB%AC%BC&searchRank=14
→ https://bit.ly/2X6jYwM

https://m.post.naver.com/viewer/postView.nhn?volumeNo=9021702&memberNo=11195360&searchKeyword=%ED%83%84%EC%88%98%ED%99%94%EB%AC%BC&searchRank=17
→ https://bit.ly/2z9qfzG

https://m.post.naver.com/viewer/postView.nhn?volumeNo=18437425&memberNo=35171416&navigationType=push
→ https://bit.ly/2TIPDcu

https://namu.wiki/w/%EA%B0%84%ED%97%90%EC%A0%81%20%EB%8B%A8%EC%8B%9D
→ https://bit.ly/36fj3ye

https://news.mt.co.kr/mtview.php?no=2019031107290627092
→ https://bit.ly/2LDefsG

https://www.hankookilbo.com/News/Read/201903181618091590?did=NA&dtype=&dtypecode=&prnewsid=
→ https://bit.ly/2z1TOTU

https://m.post.naver.com/viewer/postView.nhn?volumeNo=18232914&memberNo=25786904&searchKeyword=%EA%B0%84%ED%97%90%EC%A0%81&searchRank=19
→ https://bit.ly/2zMkGXS

https://m.post.naver.com/viewer/postView.nhn?volumeNo=16884752&memberNo=1535005&searchKeyword=%EA%B0%80%EC%9D%84%EB%8B%A4%EC%9D%B4%EC%96%B4%ED%8A%B8&searchRank=1
→ https://bit.ly/2Zfstls

https://m.post.naver.com/viewer/postView.nhn?volumeNo=16846003&memberNo=32133137&vType=VERTICAL
→ https://bit.ly/3dYuxbP

http://health.chosun.com/site/data/html_dir/2018/10/19/2018101902436.html
→ https://bit.ly/3cLO8vR

물 · 탄산수 · 소변

https://www.water.or.kr

https://m.post.naver.com/viewer/postView.nhn?volumeNo=11104899&memberNo=28656674&searchKeyword=%EB%AC%BC&searchRank=4
→ https://bit.ly/3dVpYz4

https://m.post.naver.com/viewer/postView.nhn?volumeNo=17368217&memberNo=28656674&searchKeyword=%EB%AC%BC&searchRank=15
→ https://bit.ly/2WGiYjR

https://blog.naver.com/healthbusan/221635090433
→ https://bit.ly/2WMmdq9

http://www.kukinews.com/news/article.html?no=681993
→ https://bit.ly/3dVqcGq

https://weekly.donga.com/3/all/11/770015/1
→ https://bit.ly/3clAGlV

http://www.daejonilbo.com/news/newsitem.asp?pk_no=1174952
→ https://bit.ly/2Zg4Pvu

http://health.chosun.com/site/data/html_dir/2017/11/21/2017112101097.html
→ https://bit.ly/2LGqHbm

https://namu.wiki/w/%ED%83%84%EC%82%B0%EC%88%98
→ https://bit.ly/3bHY5ZT

http://news.jtbc.joins.com/article/article.aspx?news_id=NB11081408
→ https://bit.ly/3cLQlY3

http://scent.ndsl.kr/site/main/archive/article/엄마가-뿔났다-탄산음료는-절대-안-돼
→ https://bit.ly/2ZfQfE9

https://m.post.naver.com/viewer/postView.nhn?volumeNo=4889605&memberNo=3600238&clipNo=2&searchKeyword=탄산수&searchRank=9
→ https://bit.ly/2XbosSu

https://m.post.naver.com/viewer/postView.nhn?volumeNo=7731468&memberNo=2367855&searchKeyword=%ED%83%84%EC%82%B0%EC%88%98&searchRank=19
→ https://bit.ly/2X3cGd2

미래 생명 · 인공자궁

https://www.huffingtonpost.kr/2017/04/25/story_n_16246152.html?utm_id=naver
→ https://bit.ly/2z60XCG

http://www.seoul.co.kr/news/newsView.php?id=20181030029007&wlog_tag3=naver
→ https://bit.ly/3g5hPKm

https://namu.wiki/w/%EC%9D%B8%EA%B3%B5%EC%9E%90%EA%B6%81
→ https://bit.ly/2zdkQYn

https://blog.naver.com/i_love_khnp/221439406908
→ https://bit.ly/3cPBNqn

https://blog.naver.com/kbs4547/221017022247
→ https://bit.ly/2LOjfe5

https://www.sciencetimes.co.kr/news/%ec%a4%91%ea%b5%ad%ec%84%9c-%ec%9c%a0%ec%a0%84%ec%9e%90-%ed%8e%b8%ec%a7%91-%ec%95%84%ea%b8%b0-%ec%b6%9c%ec%82%b0/?cat=128
→ https://bit.ly/2LGmWCz

https://geneticliteracyproject.org/2015/06/12/artificial-wombs-the-coming-era-of-motherless-births/
→ https://bit.ly/2XffmnU

https://theday.co.uk/stories/scientists-hail-new-era-of-motherless-babies
https://bit.ly/36dmhC4

https://edition.cnn.com/2017/02/09/health/embryo-skin-cell-ivg/
→ https://cnn.it/3e0Oclb

미세먼지 저감

https://m.post.naver.com/viewer/postView.nhn?volumeNo=18377220&memberNo=40708925&searchKeyword=%EB%AF%B8%EC%84%B8%EB%A8%BC%EC%A7%80%20%EC%A0%80%EA%B0%90%EB%8C%80%EC%B1%85&searchRank=2
→ https://bit.ly/3g7JHxu

https://m.post.naver.com/viewer/postView.nhn?volumeNo=12847232&memberNo=21967255&searchKeyword=%EB%AF%B8%EC%84%B8%EB%A8%BC%EC%A7%80%20%EC%A0%80%EA%B0%90%EB%8C%80%EC%B1%85&searchRank=7
→ https://bit.ly/2WJWMW4

https://m.post.naver.com/viewer/postView.nhn?volumeNo=14243114&memberNo=3939441&searchRank=26
→ https://bit.ly/36fDs64

https://m.post.naver.com/viewer/postView.nhn?volumeNo=12167129&memberNo=1894710&searchRank=27
→ https://bit.ly/3cOkGFs

http://scent.ndsl.kr/site/main/archive/article/미세먼지-잡는-기발한-방법들-얼마나-효과-있을까
→ https://bit.ly/3bMczry

비누에 묻은 세균

https://m.post.naver.com/viewer/postView.nhn?volumeNo=24688551&memberNo=12127589&searchKeyword=%EB%B9%84%EB%88%84%20%EC%84%B8%EA%B7%A0&searchRank=3
→ https://bit.ly/2ToMmZN

https://m.post.naver.com/viewer/postView.nhn?volumeNo=22956772&memberNo=15460571&searchKeyword=%EB%B9%84%EB%88%84%20%EC%84%B8%EA%B7%A0&searchRank=1
→ https://bit.ly/3bMcHaw

https://m.post.naver.com/viewer/postView.nhn?volumeNo=27662809&memberNo=23825279&searchKeyword=%EB%B9%84%EB%88%84&searchRank=1
→ https://bit.ly/3bPXULY

https://m.post.naver.com/viewer/postView.nhn?volumeNo=27688657&memberNo=44865264&searchKeyword=%EB%B9%84%EB%88%84%20%EC%84%B8%EA%B7%A0&searchRank=2
→ https://bit.ly/3bOYfyB

https://m.post.naver.com/viewer/postView.nhn?volumeNo=27869736&memberNo=28656674
→ https://bit.ly/2WMV5qJ

비말감염 · 기침예절

https://m.post.naver.com/viewer/postView.nhn?volumeNo=27394874&memberNo=22313680&searchKeyword=%EB%B9%84%EB%A7%90%EA%B0%90%EC%97%BC&searchRank=2
→ https://bit.ly/2TiUAmc

https://m.post.naver.com/viewer/postView.nhn?volumeNo=27755827&memberNo=37571784&searchKeyword=%EB%B9%84%EB%A7%90%EA%B0%90%EC%97%BC&searchRank=14
→ https://bit.ly/2XcmX6J

https://m.post.naver.com/viewer/postView.nhn?volumeNo=27111130&memberNo=5246326&searchRank=45
→ https://bit.ly/2z4qjko

https://m.post.naver.com/viewer/postView.nhn?volumeNo=27421960&memberNo=3157222
1&searchRank=49
→ https://bit.ly/3g6h1ox

https://m.post.naver.com/viewer/postView.nhn?volumeNo=27501020&memberNo=3080
8385&searchKeyword=%EA%B8%B0%EC%B9%A8%EC%98%88%EC%A0%88&searchRa
nk=4
→ https://bit.ly/2ZqVjG1

https://m.post.naver.com/viewer/postView.nhn?volumeNo=23876094&memberNo=2018
2790&searchKeyword=%EA%B8%B0%EC%B9%A8%EC%98%88%EC%A0%88&searchRa
nk=7
→ https://bit.ly/3e6Pth3

https://m.post.naver.com/viewer/postView.nhn?volumeNo=24172105&memberNo=2018279
0&searchKeyword=%EA%B8%B0%EC%B9%A8%EC%98%88%EC%A0%88&searchRank=8
→ https://bit.ly/2TngR2c

수면

http://scent.ndsl.kr/site/main/archive/article/건강-지킴이-첫째는-수면-20200115073000
→ https://bit.ly/3fUxzQa

http://scent.ndsl.kr/site/main/archive/article/잠은-뇌를-청소하는-시간-20191223073000
→ https://bit.ly/3g5CbTU)

http://scent.ndsl.kr/site/main/archive/article/짧게-자도-피곤하지-않아-사소한-초능력의-
비밀은-유전자
→ https://bit.ly/2LF3Pce

http://scent.ndsl.kr/site/main/archive/article/늦잠-자는-이유-의지만의-문제가-아니
야-20191030073000
→ https://bit.ly/3cKFptR

http://scent.ndsl.kr/site/main/archive/article/아침에-활력-없는-이유-수면위상지연증후군
→ https://bit.ly/2LlmUtS

http://scent.ndsl.kr/site/main/archive/article/주말에-몰아-자는-잠-부족한-수면-보충-
못한다
→ https://bit.ly/36foNrx

http://scent.ndsl.kr/site/main/archive/article/당신이-항상-피곤한-과학적-이유
→ https://bit.ly/2WFsLXg

https://history.nasa.gov/alsj/WOTM/WOTM-Sleep.html
→ https://go.nasa.gov/2yiX5he

식품 포장지

https://1boon.kakao.com/mk/5b7f5ebeed94d20001d28e60
→ https://bit.ly/3g2F3AU

https://m.post.naver.com/viewer/postView.nhn?volumeNo=27253444&memberNo=29922182&searchKeyword=%EB%B6%88%ED%8F%AC%ED%99%94%EC%A7%80%EB%B0%A9%EC%82%B0&searchRank=12
→ https://bit.ly/2WH8yk0

https://m.post.naver.com/viewer/postView.nhn?volumeNo=27714308&memberNo=39392967&searchKeyword=%EC%8B%9D%ED%92%88%ED%8F%AC%EC%9E%A5%EC%A7%80&searchRank=3
→ https://bit.ly/2zTi7n6

아빠와 딸 · 비만 · 카페인 분해 유전자

http://kormedi.com/1187352/%EA%B3%A0%EC%B6%94%EB%83%90-%EA%B3%B5%EC%A3%BC%EB%83%90-%EC%95%84%EB%B9%A0-%EC%9C%A0%EC%A0%84%EC%9E%90%EA%B0%80-%EA%B2%B0%EC%A0%95/
→ https://bit.ly/2ZjYBut

https://news.naver.com/main/read.nhn?mode=LPOD&mid=tvh&oid=055&aid=0000148840
→ https://bit.ly/36eoCwJ

http://scent.ndsl.kr/site/main/archive/article/비만-내-탓이-아니라-바이러스-탓
→ https://bit.ly/2LKFQbw

http://scent.ndsl.kr/site/main/archive/article/비만이-유전
→ https://bit.ly/3dWWeSg

http://scent.ndsl.kr/site/main/archive/article/결혼-전-부모의-건강이-태아의-건강을-결정한다
→ https://bit.ly/3g5Qtnh

https://m.post.naver.com/viewer/postView.nhn?volumeNo=16273637&memberNo=36070308&searchKeyword=%EB%B9%84%EB%A7%8C%20%EC%9C%A0%EC%A0%84&searchRank=3
→ https://bit.ly/2LEQ2lU

https://news.naver.com/main/read.nhn?mode=LPOD&mid=tvh&oid=055&aid=0000457248
→ https://bit.ly/2Zmer86

http://www.ndsl.kr/ndsl/commons/util/ndslOriginalView.do?cn=JAKO199203041982649&dbt=JAKO&koi=KISTI1.1003%2FJNL.JAKO199203041982649
→ https://bit.ly/2LJNy60

알레르기 유발 성분 화장품 · 예방접종

https://www.mfds.go.kr/brd/m_641/view.do?seq=32444
→ https://bit.ly/2TnglkM

https://www.kca.go.kr/home/sub.do?menukey=4004&mode=view&no=1002868663
→ https://bit.ly/3g2bPSy

https://www.kca.go.kr/home/sub.do?menukey=6081&mode=view&no=1002867720
→ https://bit.ly/3bJTK8p

https://nip.cdc.go.kr/irgd/index.html
→ https://bit.ly/3cNoBSJ

https://jhealthmedia.joins.com/article/article_view.asp?pno=21705
→ https://bit.ly/2Tptc6d

https://www.hidoc.co.kr/healthstory/news/C0000495344
→ https://bit.ly/3g6gYZT

칼로리 · 갈색 지방

https://namu.wiki/w/%EC%B9%BC%EB%A1%9C%EB%A6%AC
→ https://bit.ly/2AldsEJ

https://www.yna.co.kr/view/AKR20160717043100030
→ https://bit.ly/2WJb2yi

http://www.mediaus.co.kr/news/articleView.html?idxno=114490
→ https://bit.ly/2ZhqtPX

https://programs.sbs.co.kr/culture/sbsspecial/vod/53591/22000258707
→ https://bit.ly/2ymHIK8

https://www.chemidream.com/1542
→ https://bit.ly/3cOkar0

https://www.ebs.co.kr/tv/show?courseId=10027453&stepId=10030459&lectId=10701793
→ https://bit.ly/3g7ub4w

https://m.post.naver.com/viewer/postView.nhn?volumeNo=17322706&memberNo=36236175&searchKeyword=%EA%B0%88%EC%83%89%EC%A7%80%EB%B0%A9%EC%9D%98%20%EB%B9%84%EB%B0%80&searchRank=8
→ https://bit.ly/3g7tokg

https://m.post.naver.com/viewer/postView.nhn?volumeNo=17293000&memberNo=36236175&searchKeyword=%EA%B0%88%EC%83%89%EC%A7%80%EB%B0%A9&searchRank=3
→ https://bit.ly/2ZkY63a

https://m.post.naver.com/viewer/postView.nhn?volumeNo=17536518&memberNo=36236175&searchKeyword=%EA%B0%88%EC%83%89%EC%A7%80%EB%B0%A9&searchRank=2
→ https://bit.ly/3eecwqn

https://www.sciencetimes.co.kr/news/%ea%b0%88%ec%83%89-%ec%a7%80%eb%b0%a9%ec%9d%80-%ec%99%9c-%ea%b1%b4%ea%b0%95%ec%97%90-%ec%a2%8b%ec%9d%80%ea%b0%80/?cat=128
→ https://bit.ly/2LF55MB

코로나19

http://dongascience.donga.com/news.php?idx=34882
→ https://bit.ly/2XglyuT

http://dongascience.donga.com/news.php?idx=33913
→ https://bit.ly/2WJl15v

https://m.post.naver.com/viewer/postView.nhn?volumeNo=27406110&memberNo=5246326&searchKeyword=%EB%B0%95%EC%A5%90&searchRank=14
→ https://bit.ly/3bMcT9K

http://www.natgeokorea.com/program.php?p=58
→ https://bit.ly/2XfSioW

http://www.donga.com/news/article/all/20200130/99452984/1
→ https://bit.ly/3bLuO0j

https://news.joins.com/article/23714467
→ https://bit.ly/3dZQmb5

https://science.ytn.co.kr/hotclip/view.php?s_mcd=1213&key=202004091450015416
→ https://bit.ly/2LHOJCL

http://www.donga.com/news/article/all/20200512/100999736/1
→ https://bit.ly/2Zkbogv

https://www.pressian.com/pages/articles/284519?no=284519&utm_source=naver&utm_medium=search
→ https://bit.ly/2yitqEJ

http://www.enewstoday.co.kr/news/articleView.html?idxno=1378114
→ https://bit.ly/2Llu2Xp

https://www.ytn.co.kr/_ln/0134_202003071220066657
→ https://bit.ly/3e3oK52

https://www.yonhapnewstv.co.kr/news/MYH20200226013000640?did=1825m
→ https://bit.ly/36dCwz8

http://dongascience.donga.com/news/view/34771
→ https://bit.ly/3g95BjJ

http://www.mdtoday.co.kr/mdtoday/index.html?no=381013
→ https://bit.ly/2LFmnsZ

http://www.psychiatricnews.net/news/articleView.html?idxno=18951
→ https://bit.ly/2ylsyiM

https://www.yna.co.kr/view/AKR20200311121600002?input=1195m
→ https://bit.ly/3g2cUtA

http://www.businessplus.kr/news/articleView.html?idxno=22093
→ https://bit.ly/3g80DnB

http://www.hani.co.kr/arti/animalpeople/wild_animal/942162.html
→ https://bit.ly/3e1zgtj

https://www.yna.co.kr/view/AKR20200406012500009?input=1195m
→ https://bit.ly/2ymmCWO

http://kids.donga.com/?ptype=article&no=20200427150734943473
→ https://bit.ly/3cLgZ3q

http://www.hani.co.kr/arti/society/health/925165.html
→ https://bit.ly/2WJs7bo

https://www.bbc.com/korean/news-52374381?xtor=AL-73-%5Bpartner%5D-%5Bnaver%5D-%5Bheadline%5D-%5Bkorean%5D-%5Bbizdev%5D-%5Bisapi%5D
→ https://bbc.in/2TnwdDZ

http://scent.ndsl.kr/site/main/archive/article/코로나-19는-왜-전염성이-강할까
→ https://bit.ly/3cLh8E0

http://scent.ndsl.kr/site/main/archive/article/백신-개발-왜-어려울까
→ https://bit.ly/3e6Qq97

https://news.sbs.co.kr/news/endPage.do?news_id=N1005791155&plink=ORI&cooper=NAVER
→ https://bit.ly/2LK2PUo

합성생물학·바이오안보

https://www.sciencetimes.co.kr/?news=%ed%95%a9%ec%84%b1%ec%83%9d%eb%ac%bc%ed%95%99%ec%9c%bc%eb%a1%9c-%ec%9d%b8%ea%b3%b5%ec%84%b8%ed%8f%ac-%ec%a0%9c%ec%9e%91
→ https://bit.ly/2WKDWhl

https://m.post.naver.com/viewer/postView.nhn?volumeNo=4700134&memberNo=909494&searchKeyword=%ED%95%A9%EC%84%B1%EC%83%9D%EB%AC%BC%ED%95%99&searchRank=1
→ https://bit.ly/3fZX82t

https://m.post.naver.com/viewer/postView.nhn?volumeNo=15670899&memberNo=24413396&searchKeyword=%ED%95%A9%EC%84%B1%EC%83%9D%EB%AC%BC%ED%95%99&searchRank=2
→ https://bit.ly/3fZX8iZ

http://www.dt.co.kr/contents.html?article_no=2009121602011857650002
→ https://bit.ly/2ZIR8v4

http://www.econovill.com/news/articleView.html?idxno=356045
→ https://bit.ly/2LEGQ10

https://www.yna.co.kr/view/AKR20200318038400009
→ https://bit.ly/2WMrYUl

http://scent.ndsl.kr/site/main/archive/article/코로나-바이러스를-이용한-사이버범죄와-그-대응방안-20200504073000?cp=1&pageSize=10&sortDirection=DESC&listType=list&catId=12
→ https://bit.ly/3g7JQkz

환상통·로봇 손

https://namu.wiki/w/%ED%99%98%EC%83%81%ED%86%B5
→ https://bit.ly/2LEQnFc

https://m.post.naver.com/viewer/postView.nhn?volumeNo=22293349&memberNo=29922182&searchKeyword=%ED%99%98%EC%83%81%ED%86%B5&searchRank=3
→ https://bit.ly/2LFNWSQ

https://m.post.naver.com/viewer/postView.nhn?volumeNo=5436289&memberNo=33518467&searchKeyword=%ED%99%98%EC%83%81%ED%86%B5&searchRank=5
→ https://bit.ly/2WLJlov

http://news.kbs.co.kr/news/view.do?ncd=4130767&ref=A
→ https://bit.ly/2LGY9OK

https://www.yna.co.kr/view/AKR20161207060300009?input=1195m
→ https://bit.ly/2zVRv4U

https://m.post.naver.com/viewer/postView.nhn?volumeNo=16411017&memberNo=21659980&searchKeyword=%EB%A1%9C%EB%B4%87%EC%86%90&searchRank=2
→ https://bit.ly/2LJGupK

https://m.post.naver.com/viewer/postView.nhn?volumeNo=12801428&memberNo=41031986&searchKeyword=%EB%A1%9C%EB%B4%87%EC%86%90&searchRank=3
→ https://bit.ly/3cNNe1U

https://www.youtube.com/watch?v=4T9WpSCVXx8&feature=youtu.be
→ https://bit.ly/36dnyt7

https://m.science.ytn.co.kr/view.php?s_mcd=0082&s_hcd=&key=201807041139001321
→ https://bit.ly/3clfpPH

https://m.post.naver.com/viewer/postView.nhn?volumeNo=27703980&memberNo=38442864&searchKeyword=%EB%9D%BC%EB%A7%88%EC%B0%AC%EB%93%9C%EB%9E%80&searchRank=7
→ https://bit.ly/36j22Dk

http://h21.hani.co.kr/arti/society/society_general/28410.html
→ https://bit.ly/2zQzAwf

https://www.mk.co.kr/news/it/view/2016/04/289895/
https://bit.ly/2ZiAlTY

1분 과학 읽기

초판 1쇄 인쇄 | 2020년 5월 22일
초판 1쇄 발행 | 2020년 6월 1일

지은이 김종화
책임편집 손성실
편집 조성우
마케팅 이동준
디자인 권월화
용지 월드페이퍼
제작 성광인쇄(주)
펴낸곳 생각비행
등록일 2010년 3월 29일 | 등록번호 제2010-000092호
주소 서울시 마포구 월드컵북로 132, 402호
전화 02) 3141-0485
팩스 02) 3141-0486
이메일 ideas0419@hanmail.net
블로그 www.ideas0419.com

ISBN 979-11-89576-62-2 43400

책값은 뒤표지에 있습니다.
잘못된 책은 바꾸어드립니다.

HEALTH

과학자들은 그 어떤 명약과 획기적인 치료도 예방만 못하다고 강조한다. 제때 자고 제때 먹는 올바른 생활습관을 들이는 것이 가장 중요하다는 의미다.

MEDICAL

코로나19 백신이 개발되지 않은 지금, 손을 자주 씻고, 마스크를 착용하고, 기침예절을 지키는 것이 나와 가족, 동료와 이웃의 건강을 지키는 기본이다.

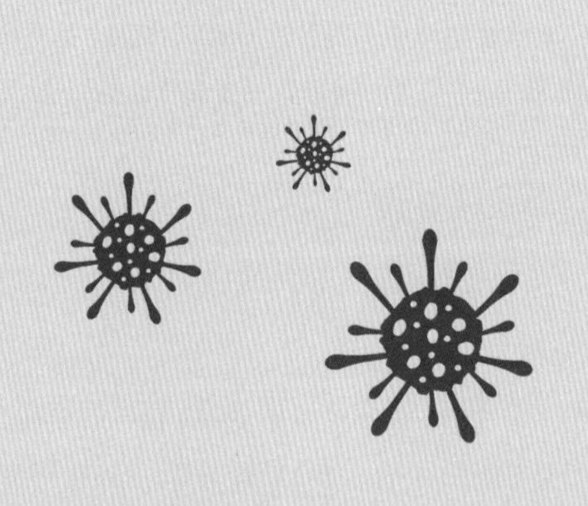